著者简介

森巧尚

软件工程师，科技作家，兼任日本关西学院讲师、关西学院高中科技教师、成安造形大学讲师、大阪艺术大学讲师。

著有《Python 一级：从零开始学编程》《Python 二级：桌面应用程序开发》《Python 二级：数据抓取》《Python 二级：数据分析》《Python 三级：机器学习》《Python 三级：深度学习》《Java 一级》《动手学习！ Vue.js 开发入门》《在游戏开发中快乐学习 Python》《算法与编程图鉴（第 2 版）》等。

ChatGPT辅助编程
Python程序设计

〔日〕森巧尚 著
王梦实 译
伍烜民 审校

科学出版社
北京

图字：01-2024-5414号

内 容 简 介

ChatGPT自问世以来便备受关注。“ChatGPT是如何工作的？”“我想了解如何高效地使用ChatGPT”“我想将ChatGPT应用于Python编程”“我想开发实用的ChatGPT应用程序”……人们的需求如百花齐放。

本书面向ChatGPT 和Python初学者，以山羊博士和双叶同学的教学漫画情境为引，以对话和图解为主要展现形式，从开发环境配置开始，循序渐进地讲解如何有效利用ChatGPT进行编程和应用程序开发。

本书适合ChatGPT和Python初学者自学入门，也可用作青少年编程、STEM教育、人工智能启蒙教材。

图书在版编目（CIP）数据

ChatGPT辅助编程 : Python程序设计 / (日) 森巧尚著 ; 王梦实译. -- 北京 : 科学出版社, 2025. 1.

ISBN 978-7-03-080137-1

Ⅰ. TP312.8

中国国家版本馆CIP数据核字第20240RN442号

责任编辑：喻永光　杨　凯 / 责任制作：周　密　魏　谨
责任印制：肖　兴 / 封面设计：张　凌

科 学 出 版 社 出版
北京东黄城根北街16号
邮政编码：100717
http：//www.sciencep.com

三河市春园印刷有限公司印刷
科学出版社发行　各地新华书店经销

*

2025年1月第　一　版　　开本：787×1092　1/16
2025年1月第一次印刷　　印张：12 1/2
字数：238 000

定价：68.00元

（如有印装质量问题，我社负责调换）

前　言

为什么 ChatGPT 能够毫无违和感地进行对话？编程时使用 ChatGPT 能提供哪些便利？本书尝试从以下几个方面解惑。

1. ChatGPT 为什么能够自然地进行对话？

2. 从其原理出发，怎样才能有效利用 ChatGPT?

3. 编程的时候应该如何利用 ChatGPT?

4. 如何在自己的程序中加入 ChatGPT 的功能？

本书将围绕 ChatGPT 的“原理”和“使用方法”进行讲解。讲解嘉宾仍是在“Python 一级”出场的山羊博士和双叶同学。双叶同学对 ChatGPT 很感兴趣，山羊博士为此利用 ChatGPT 设计了一套便捷的编程方法。让我们跟随二位一起愉快地学习 ChatGPT 吧。

说起来，为什么 ChatGPT 能够和人类进行顺畅且高效的对话呢？这是由于它在前期训练过程中学习了大量数据，从而变得智能化了。那么，如何从训练数据中生成自然的对话呢？本书用生动的插图和比喻来讲解 ChatGPT 理解语言的原理和生成回答的过程。一旦了解了 ChatGPT 的工作原理，就能准确把握它擅长或不擅长完成哪些任务，从而习得高效使用 ChatGPT 的方法。

此外，ChatGPT 也可以作为编程时的辅助工具，在阅读、编写、修改程序等各个环节都能派上用场。本书将讲解 ChatGPT 辅助编程的原理和使用方法。

更进一步，ChatGPT 还适用于“编程疲劳”时刻，作为程序员大发牢骚的对象。ChatGPT 不仅仅是技术助手，还可以为程序员提供情绪价值。这同样适用于日常生活。

在实操层面，本书将带领各位读者亲身体验如何在自编程序中加入 ChatGPT 功能，讲解 OpenAI API 的使用方法、应用程序的编写方法等，并亲自使用 ChatGPT 编写应用程序。相信这能极大地增添学习趣味。

希望读者能通过本书走进精彩纷呈的 ChatGPT 世界，理解其原理，感受其魅力。言已至此，我们一同开始体验 ChatGPT 吧。

森巧尚

关于本书

读者对象

本书面向使用 ChatGPT 编程的初学者，以及今后想要学习利用 ChatGPT 开发应用程序的读者，以对话的形式，通俗地讲解如何利用 ChatGPT 进行编程和应用程序开发。即使是初学者，也能轻松走进 ChatGPT 辅助编程的世界。

· 掌握 Python 基础的读者（学完“Python 一级”）

· ChatGPT 辅助编程的初学者

本书特点

本书面向不懂 ChatGPT 编程和应用程序开发的初学者，以“初次接触”“亲身体验”为目标。为了让初学者也能轻松学习，本书内容遵循以下三个特点展开。

特点 1 以插图为核心概述知识点

每章开头以漫画或插图构建学习情境，之后在“引言”部分以插图的形式概述整章的知识点。

特点 2 以对话形式详解基础语法

精选基础语法，以对话的形式，力求通俗易懂地讲解，以免初学者陷入困境。

特点 3 样例适合初学者模仿编程

为初学者精选 ChatGPT 辅助编程和应用程序开发样例代码，以便读者快速体验开发过程，轻松学习。

阅读方法

为了让初学者能够轻松进入 ChatGPT 辅助编程的世界，避免学习时陷入困境，本书作了许多针对性设计。

以漫画的形式概述每章内容

借山羊博士和双叶同学之口引出
每章的主要内容

每章具体要学习的内容一目了然

以插图的形式，通俗易懂地介绍
每章主要知识点和学习流程

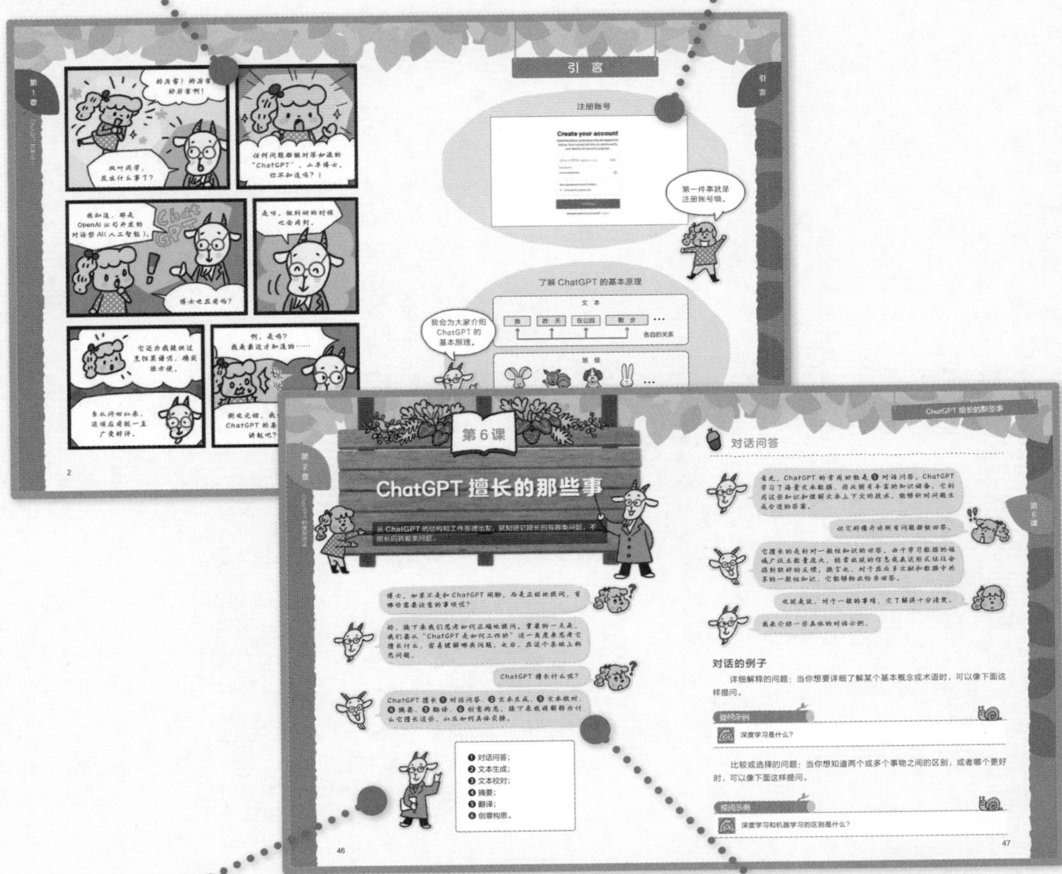

附有图解说明

尽可能以图解的形式代替
晦涩难懂的措辞

以对话的形式讲解概念

借助山羊博士和双叶同学的对话，
风趣、简要地讲解概要和代码

目　录

第1章　ChatGPT 是什么？

第2章　ChatGPT 的使用方法

第 3 章 让 ChatGPT 帮助编程

第 4 章 在 Python 中运行 ChatGPT

第5章 用 Python 编写一个 ChatGPT 翻译程序

第6章 用 Python 编写更多实用程序

第1章

ChatGPT 是什么？

好厉害！好厉害！
好厉害啊！
双叶同学，
发生什么事了？

任何问题都能对答如流的
“ChatGPT”。山羊博士，
你不知道吗？！

我知道，那是
OpenAI 公司开发的
对话型 AI（人工智能）。
ChatGPT
博士也在用吗？

是呀。做科研的时候
也会用到。

它还为我提供过
烹饪菜谱呢，确实
很方便。
自从问世以来，
这项应用就一直
广受好评。

啊，是吗？
我是最近才知道的……
惊讶
倒也无妨，我们就从
ChatGPT 的基本原理
讲起吧？
好吧。

引 言

注册账号

Create your account

Note that phone verification may be required for signup. Your number will only be used to verify your identity for security purposes.

Edit

Password

Your password must contain:

✓ At least 8 characters

Continue

Already have an account? Log in

第一件事就是
注册账号哦。

了解 ChatGPT 的基本原理

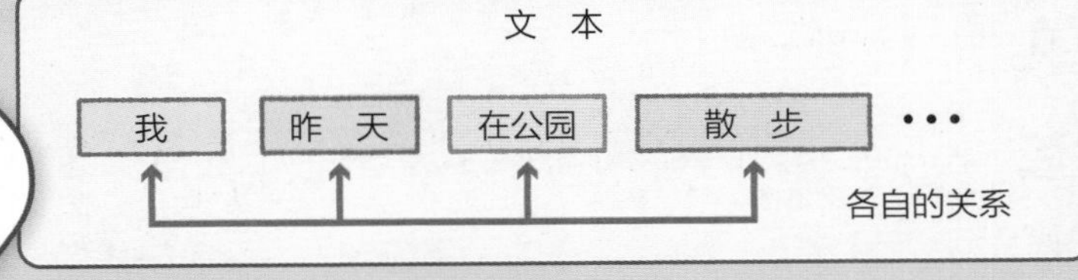
文 本
我
昨 天
在公园
散 步
• • •
各自的关系

班 级
• • •
各自的关系

我会为大家介绍
ChatGPT 的
基本原理。

第1课

认识 ChatGPT

最近人们所热议的 ChatGPT 究竟为何物？本节课，跟随山羊博士和双叶同学一起认识一下它吧！

山羊博士，你知道 ChatGPT 吗？

你好啊，双叶同学。为什么问起它呢？

之前我看到 ChatGPT 回答问题的场景，就像真人对话一样，看着十分有趣。我想知道如何正确地向它提问。

ChatGPT

DALL·E

Explore

使用ChatGPT有什么好处?

使用ChatGPT，你可以迅速获取各领域的相关信息，
并将其用于你的学习和研究工作。

可以举例说说如何促进学习或研究工作吗?

例如，核实某件历史事件，解答数学问题，对基本的科学原理进行讲解。
在你学习语言时提供语法和词汇检查，提供参考引文信息等。
总之，ChatGPT可以辅助各类学习场景或研究工作。

Regenerate

Send a message

ChatGPT may produce inaccurate information about people, places, or facts. ChatGPT August 3 Version

哈哈，原来你也在关注 ChatGPT 啊。这确实是个很有趣的工具。具体来讲，它是一款由 OpenAI 公司开发的人工智能产品，专注于自然语言处理。

自然语言处理？

自然语言处理，就是计算机理解并生成我们日常交流所用语言的技术。换言之，ChatGPT 正是利用了这项技术，才能与人类直接对话。

计算机直接和我聊天……真是不可思议。

不只是闲聊哦。它还能回答具体的问题，辅助我翻译和写作。只要掌握了一定的窍门，就能很方便地使用它了。

看来想用好它还有门道啊，真想学习一下。

除了刚刚提到的，它还可以辅助编程。

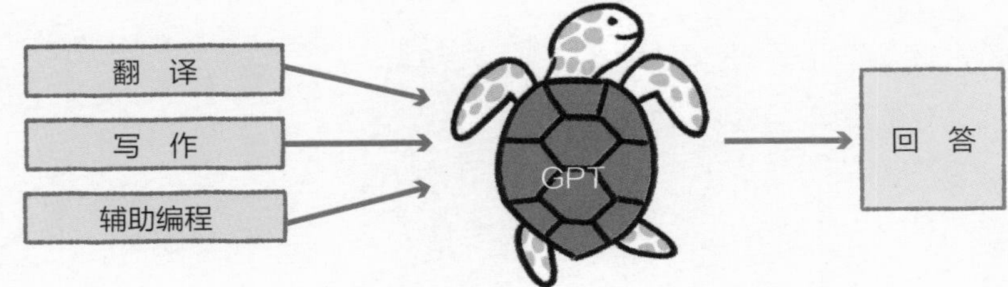

辅助编程又是什么意思？

ChatGPT 和编程简直就是天生的搭档。例如，当你使用 Python 编程遇到困难时，可以向 ChatGPT 提问，ChatGPT 则会回答相关提示和示范代码，对程序进行讲解，甚至与你探讨如何实现你的想法。

是吗！那可得请你好好教教我了。

而且 ChatGPT 提供了配套的 API 服务，可以嵌入到自己的应用程序或服务中。

※OpenAI 公司提供的 ChatGPT API，允许开发者将 ChatGPT 的对话功能直接嵌入到其他应用程序或服务中。

连这种事都能做到？！博士，请务必教教我！

所以，理解 ChatGPT 的基本原理是一堂必修课。只有理解了它的原理，才会明白它擅长做什么、不擅长做什么，以及如何高效使用它。

原来如此！

那我们就从 ChatGPT 的基本用法开始讲起吧。

好！请多指教。

第2课

尝试使用 ChatGPT

下面，让我们实际使用一下 ChatGPT。本节课将介绍一些基本的使用方法。

ChatGPT 可以直接在浏览器内打开，所以在计算机、手机、平板电脑上均可使用。

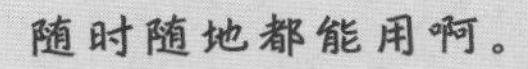

随时随地都能用啊。

每次使用前要登录账号，所以，先创建一个账户吧。

创建账户

第一次使用 ChatGPT，须提前创建账户。请按照以下步骤操作，其间需要提供你的电子邮箱地址。

① 访问 OpenAI 官方网站

登录 OpenAI 旗下的 ChatGPT 官方网站（https://chat.openai.com/auth/login），点击❶“Sign up”按钮。

ChatGPT

Draft an email requesting a deadline extension for my project

Get started

Log in

Sign up

❶点 击

从这里开始！

Terms of use | Privacy policy

②输入电子邮箱地址

点击“Sign up”，进入“Create your account”页面。输入❶电子邮箱地址，点击❷“Continue”按钮。

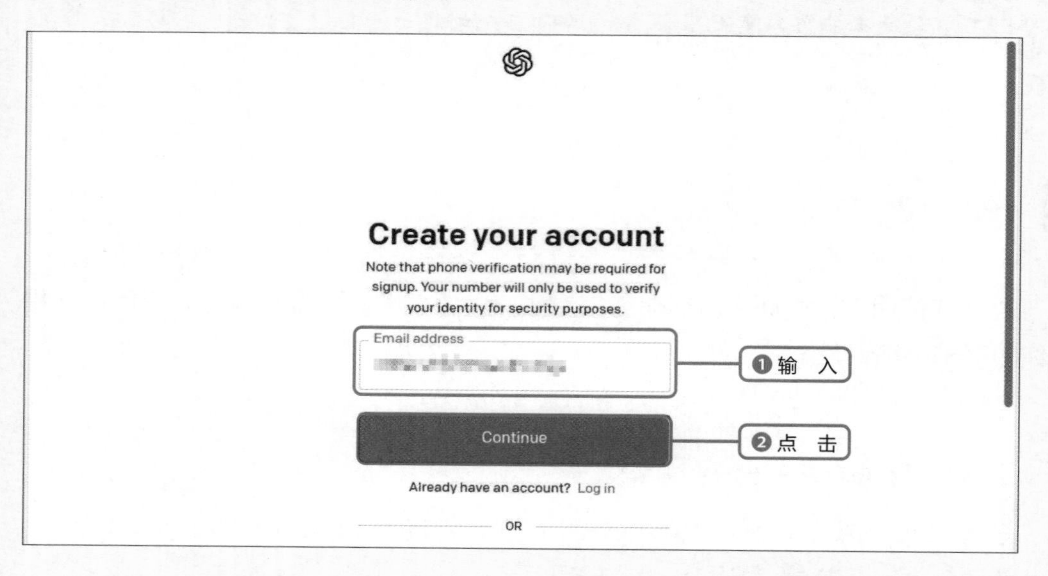

③设置密码

输入 8 个以上字符的 ❶ 密码，点击 ❷ “Continue” 按钮。

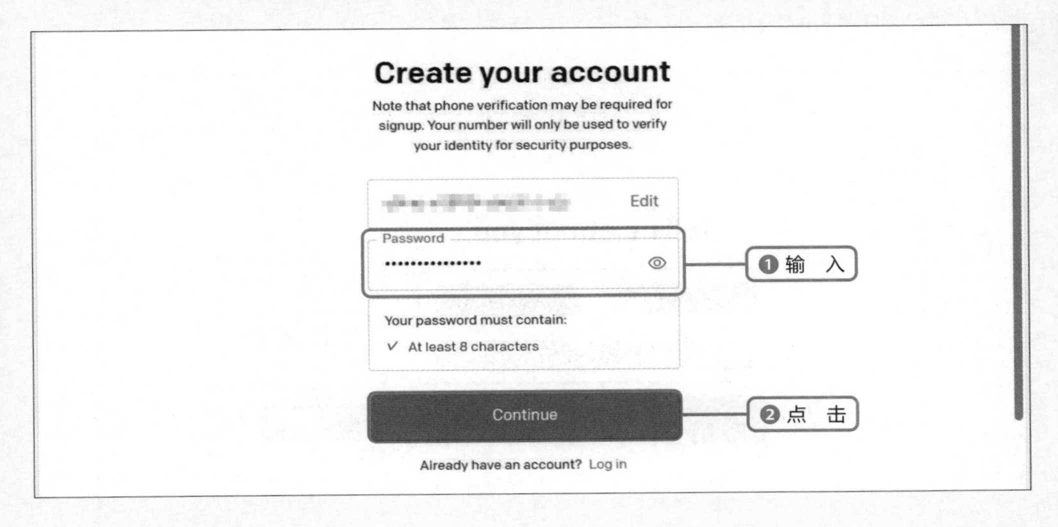

④邮箱验证

OpenAI 会向你填写的电子邮箱地址发送验证邮件，确认无误后点击 ❶ “Verify email address” 按钮。

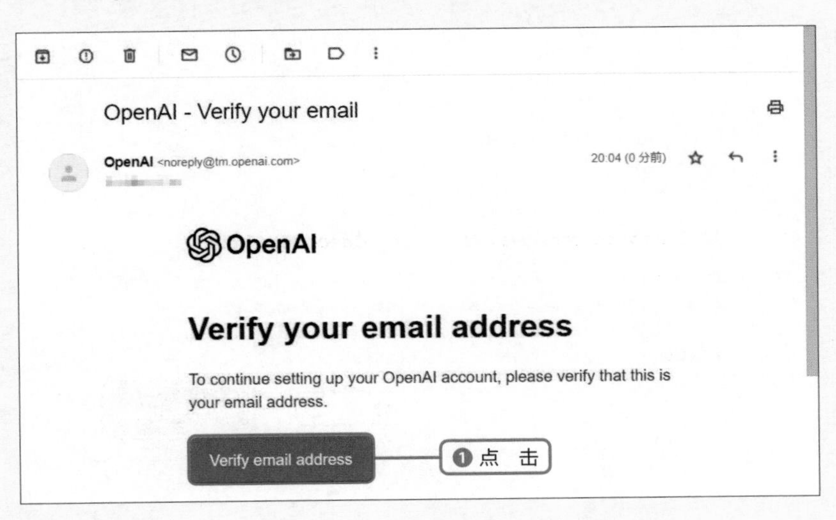

⑤ 输入账户信息

在“Tell us about you”页面，输入❶“First name”（名）、“Last name”（姓）和“Birthday”（生日），点击❷“Continue”按钮。

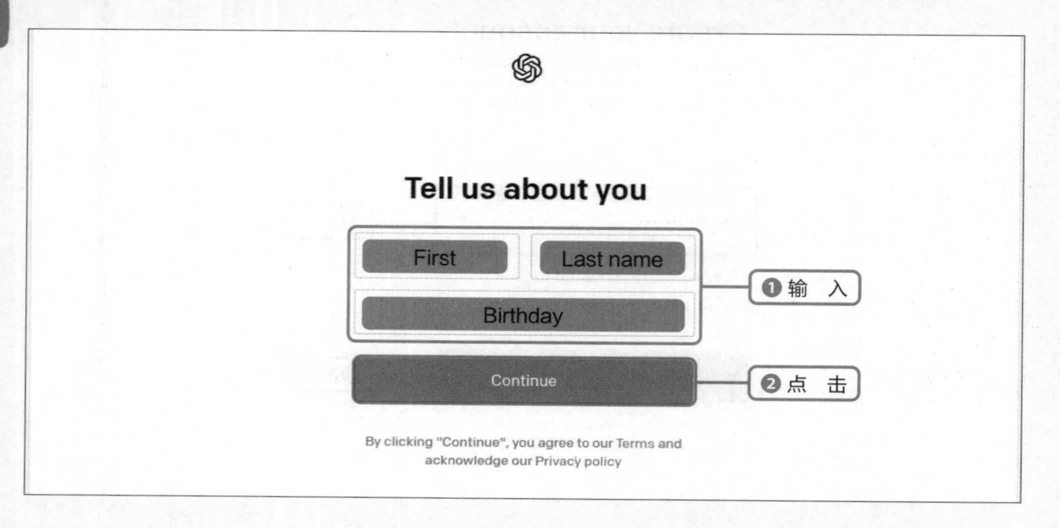

⑥ “ChatGPT Tips for getting started”确认页面

阅读并确认“ChatGPT Tips for getting started”页面的相关内容，点击❶“Okay, let’s go”按钮。

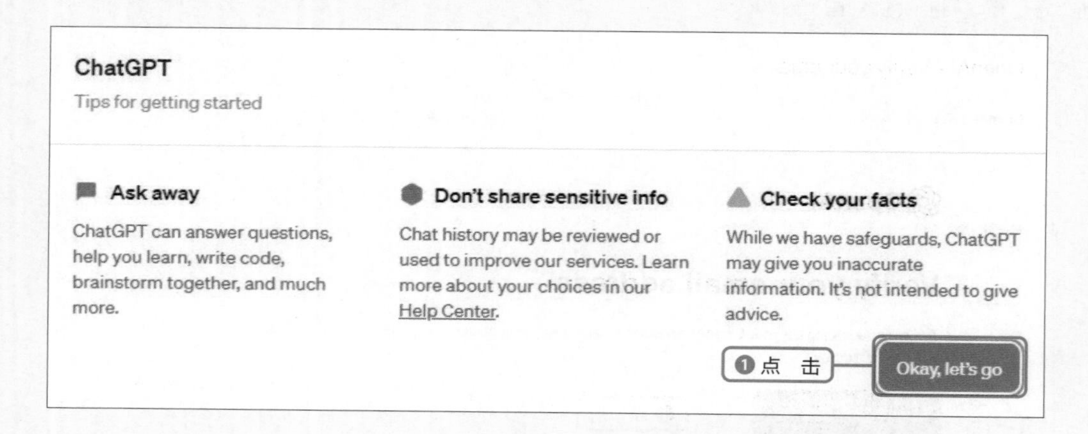

⑦打开 ChatGPT

以下是打开 ChatGPT 的初始页面。

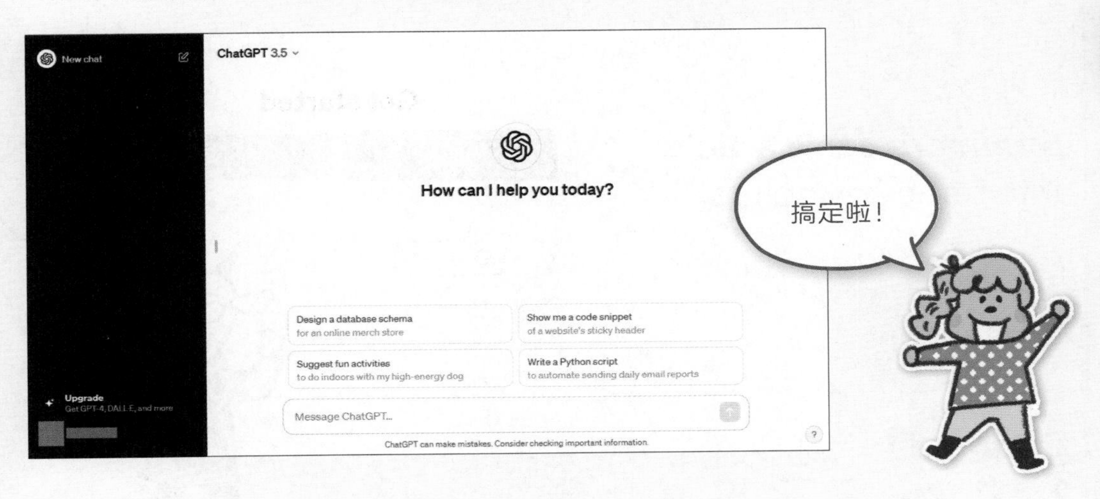

第一次对话

账户注册成功了，试着用一下吧。

总算可以用了。

与 ChatGPT 开展对话，请按照以下步骤进行（从登录开始讲解）。

①ChatGPT 初始页面

登录 ChatGPT 官方网站（https://chat.openai.com/auth/login），点击❶“Log in”按钮。

②登 录

在登录页面输入❶电子邮箱地址和❷密码后，点击❸“Continue”按钮。

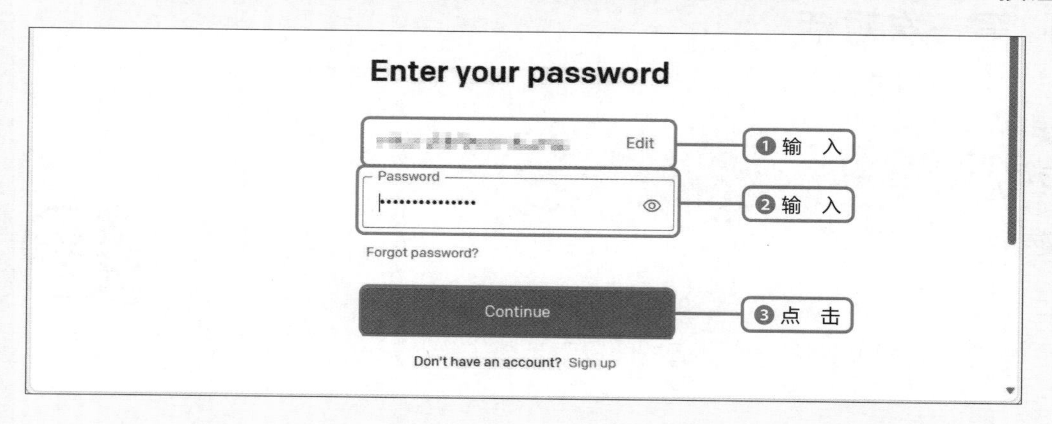

③在聊天框中输入问题或提示词（Prompt）

登录ChatGPT之后的页面如下。页面下部的“Message ChatGPT...”输入栏就是聊天框。在这里输入问题或提示词，按Enter键或点击右侧“↑”按钮。

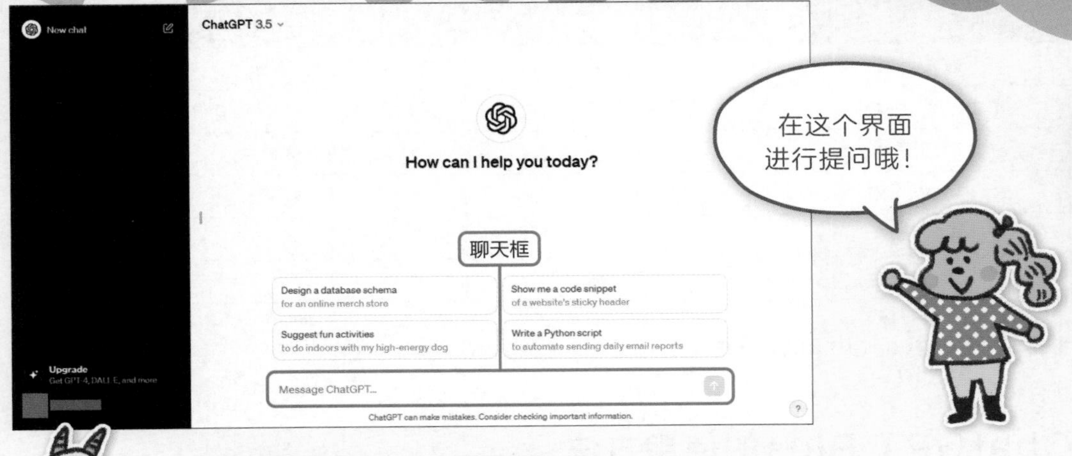

在这个界面进行提问哦！

在聊天框里输入点什么好呢……

我来试着问一问：“你能做什么呢？”

对话示例

你好。请问你能做些什么呢？

你好！我可以回答问题、提供信息、生成文章。无论什么主题都能对答如流，如果你需要提问或咨询，敬请输入吧。

太棒了。它回答了它能做什么！

免费版和付费版

ChatGPT的基础功能是可以免费使用的。不过，使用ChatGPT Plus这一付费版本，能享受更强大的对话功能和更便捷的服务。

如果用得多，可以考虑付费版。目前，暂时用免费版好好体验一下吧。

项　目	ChatGPT	ChatGPT Plus
收费标准	免　费	每月 20 美元
ChatGPT 可用版本	GPT-3.5	GPT-3.5、GPT-4
响应速度	一　般	快　速
Browsing	禁　用	可　用
Analysis	禁　用	可　用
DALL-E	禁　用	可　用

（2023 年 12 月整理）

※ 接下来会介绍 ChatGPT Plus 的使用方法，如果你不准备使用，可跳到第 3 课。

ChatGPT Plus的使用方法

升级到 ChatGPT Plus 的步骤如下。

① 点击 ChatGPT 左下角的“升级套餐”按钮。

登录 ChatGPT 官方网站（https://chat.openai.com/auth/login），点击❶左下角菜单中的“升级套餐”。

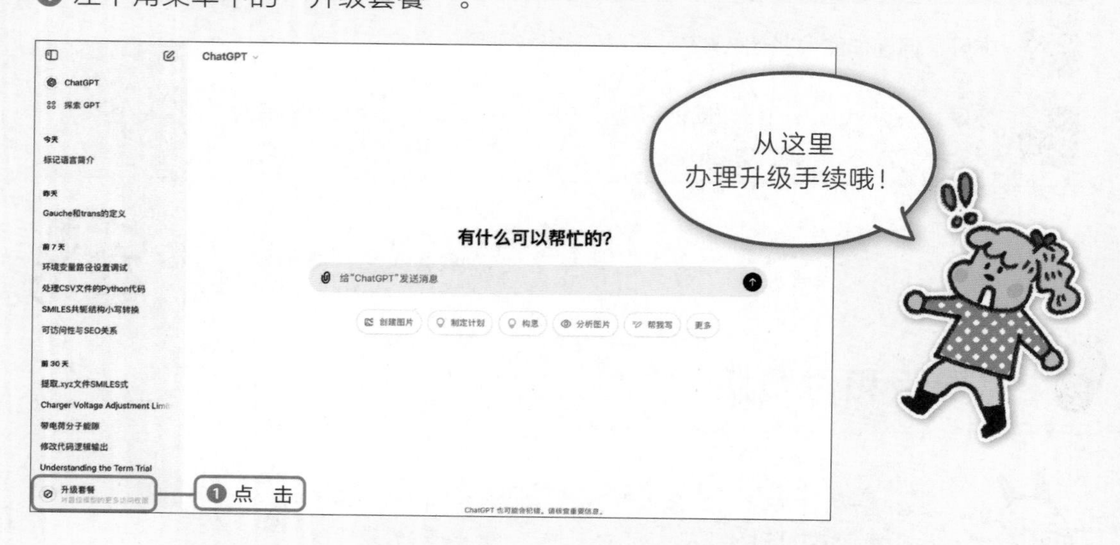

② 点击“升级至 Plus”

在新弹出的页面上，点击❶“升级至 Plus”按钮。

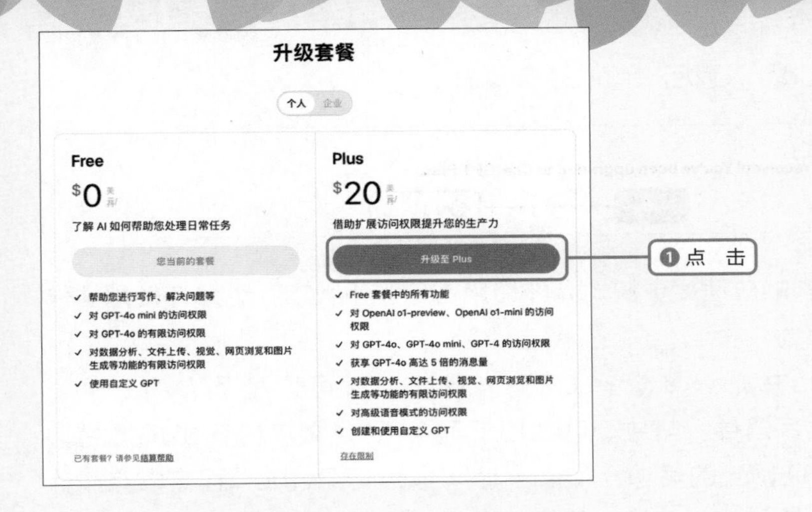

③输入信用卡信息

输入❶邮箱地址、信用卡号等，点击❷“订阅”。待结算后，申请就完成了。

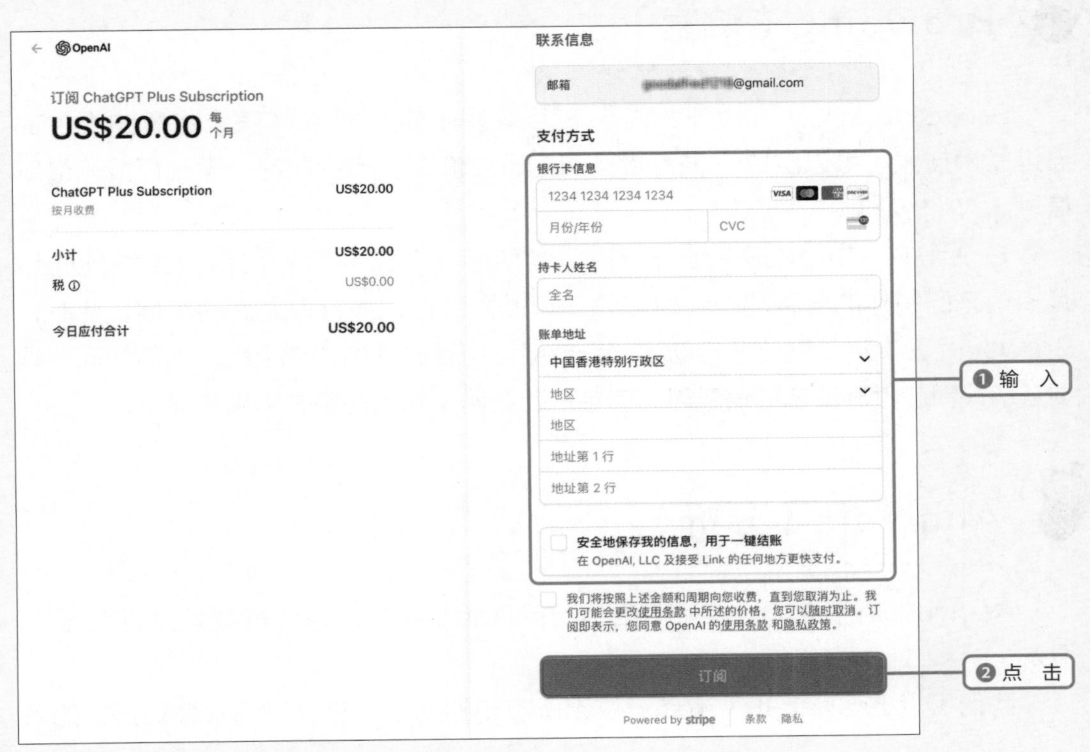

点击 ❸ “Continue”，返回 ChatGPT 页面。

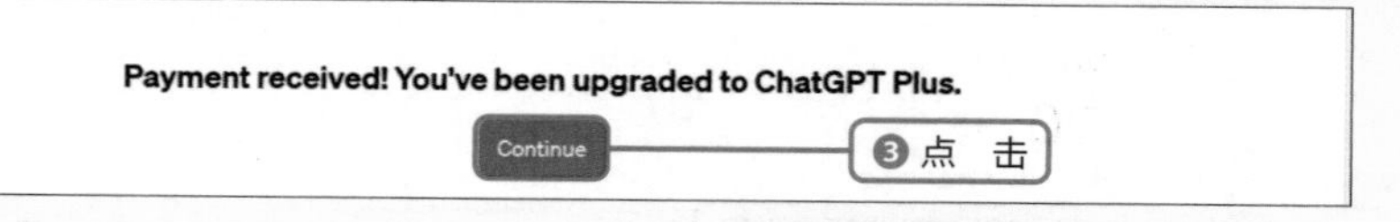

ChatGPT Plus 的响应速度更快，允许使用 GPT-4 版本，也允许使用插件等高级功能。

在 ChatGPT Plus 中，只要选择 GPT-4 版本，就可以使用 DALL-E、Browsing、Analysis 等插件。其中，DALL-E 可以根据文本内容生成图片，Browsing 可以搜索互联网上的信息，Analysis 可以运行 Python 程序以完成计算和分析。此外，这些功能会根据输入的具体问题自动执行，不需要用户另行操作。点击聊天框中的“回形针”按钮，可以上传数据文件或图像文件供 ChatGPT 分析。

Browsing（检索）

Browsing 是让 ChatGPT 能够在互联网上实时搜索并获取信息的插件。通过联网搜索，可以实时提供包括新闻、研究论文、产品评论、天气预报等最新信息。

打个比方，ChatGPT 是一位“博学助手”，它会用到目前为止学到的所有知识来回答你的各种问题，但它并不知道发生在训练行为之后的事情。此时，Browsing 就像给了这位博学助手一个能够访问互联网的智能手机。当你的问题需要获取最新的世界动态或信息时，它会从互联网上找到答案并提供给你。

Analysis（分析）

Analysis 用于在 ChatGPT 上运行 Python 程序，以分析数据文件和显示图表。

我们可以把 ChatGPT 看作一位无所不知的助手，它可以针对我们提出的各类问题准备答案，但是它不擅长数值计算，可能会返回错误的结果。Analysis 可以看作为这位无所不知的助手配备的一台能运行 Python 的计算机，确保在需要数值计算时能够输出正确答案。

数据分析的例子

Analysis 可以帮我们进行数据分析。假设有一组存储在 CSV 文件“test.csv”中的表格数据，尝试对此进行分析吧。

test.csv

Name	Japanese	Mathematics	English	Student ID
A	83	89	76	A001
B	66	93	75	B001
C	100	84	96	B002
D	60	73	40	A002
E	92	62	84	C001
F	96	92	94	C002

CSV 文件

```
Name,Japanese,Mathematics,English,Student ID
A,83,89,76,A001
B,66,93,75,B001
C,100,84,96,B002
D,60,73,40,A002
E,92,62,84,C001
F,96,92,94,C002
```

首先，点击聊天框中的“回形针”按钮，上传“test.csv”。然后，进行如下提问。

对话示例

从这份数据中，你能为我提炼出哪些信息?

首先，确认上传文件的内容。通过表头可以读取到数据概要。

<完成分析>

数据概要如下：
· Name：学生姓名
· Japanese：日语成绩
· Mathematics：数学成绩
· English：英语成绩
· Student ID：学生学号

基于上述信息，我能进行下列分析：

1. 各科目的最高分、最低分、平均分等统计数据
2. 各科目的成绩分布及直方图
3. 各学生的总分或平均分
4. 各科目成绩的相关性

你希望从上述项目中，进行哪些分析，获取哪些信息?

随后，ChatGPT会输出针对数据的各类分析建议。当然，我们也可以针对成绩分布或直方图进行下一轮提问。

※ 以上展示的ChatGPT输出结果只是一个示例，每次输出的具体内容会有所不同。

对话示例

请告诉我各个科目的成绩分布和直方图。

下面显示的是各科成绩分布和直方图。

<完成分析>

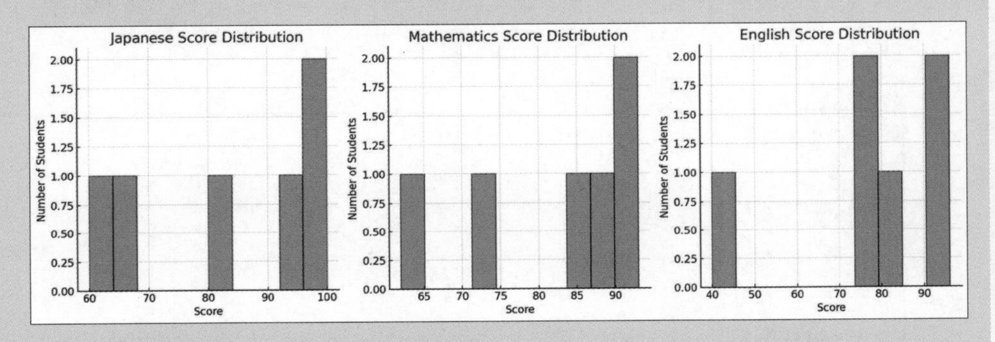

日语：总体上得分较高，尤其是80分以上的学生很多。

数学：成绩分布在60～90分之间，没有集中在某一特定区间的现象。

英语：成绩分布在40～100分之间，且存在两极分化的现象。

从上述直方图可以推测各科目的完整成绩分布、难易程度、学生偏科情况等信息。

综上所述，ChatGPT 可以提供大致的数据分析思路和具体的分析结果。

解方程的例子

ChatGPT 本身并不擅长计算，有时会在具体的数值运算中出错。但借助 Analysis 可运行 Python 程序，计算并输出正确结果。作为例子，下面探讨一下“鸡兔同笼”问题。

对话示例

现有鸡兔共100只，共有274只脚，请问有多少只鸡、多少只兔？

该问题可以用方程表示，如下。

假设鸡有x只，兔有y只，

① x+y = 100 （鸡兔总数）
② 2x+4y = 274 （脚的总数）

解上述方程组，即可求出鸡和兔的具体数量。

```
from sympy import symbols, Eq, solve

# 设鸡有x只，兔有y只
x, y = symbols('x y')

# 定义方程
equation1 = Eq(x + y, 100)
equation2 = Eq(2*x + 4*y, 274)

# 解方程组
solution = solve((equation1, equation2), (x, y))
solution
```

```
结 果
{x: 63, y: 37}
```

鸡有63只，兔有37只。

在这个例子中，ChatGPT调用Python的“sympy”功能（用Python语言编写的符号计算库，可用于解方程），从而给出了正确答案。

机器学习的例子

Analysis除了能调用数值计算的库，还能调用机器学习的库。让其学习海量数据有些困难，但可以实现简单的数字图像识别——这也属于机器学习的范畴。

首先，点击聊天框中的“回形针”按钮，上传数字 0 ~ 9 的图像。然后，只需要说“请进行机器学习”，就能通过机器学习进行图像读取、预处理、训练等，并自动推进到准备就绪的状态。

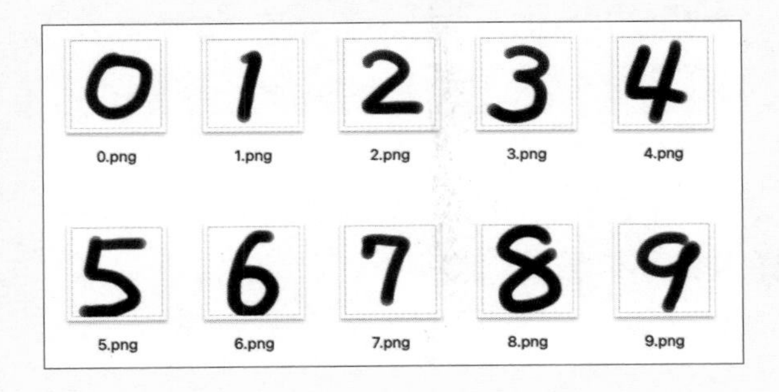

对话示例

我上传了一些数字的图像，其中“0.png”就是数字0，文件名对应具体的数字。请用SVM对上述图像进行机器学习。

※SVM：support vector machine，支持向量机，是一种二分类模型，常用于分类学习。

收到。以下显示的是你上传的图像，请确认内容。

首先，我们对图像进行预处理。

<省略>

然后，进行SVM学习。

<省略>

借助该模型，你如果想对其他数字图像进行分类识别，只需要上传图像就能完成分类了。

因为已经完成学习，现在可以直接对其提问。尝试用“+”按钮读取图像“2.png”吧。

对话示例

那么，这个数字是几呢？

对上传的该图像进行预处理，结合刚刚学习生成的SVM模型进行分类，该图像被识别为“2”。

因此，回答是“这张图片是数字2”。不过，由于学习数据量太小，可能在其他图片上判断得不太准确。能做到这样，实属不易了。

DALL-E（图像生成）

DALL-E 可以根据文本描述生成图像，且生成的图像可以商用，如用于插图、设计制作、市场营销等场合。相较于其他图像生成 AI 需要借助复杂冗长的提示词，DALL-E 最大的特色是无需提示词，这也体现了 ChatGPT 强大的语言能力。用户只需要输入一段文本，它就能自动提炼出恰当的提示词并用于图像生成。

例如，让其画一幅“山羊博士和双叶同学”的画，看看会生成什么吧。

对话示例

画一幅山羊博士教双叶同学编程的插图。

如果想做些改动，只需要进一步追加描述文本。换言之，ChatGPT 允许用户一边对话一边制图。

对话示例

请把第二幅图改得温馨、简洁一些。

此外，点击图片会在右侧显示根据输入文本自动生成的提示词。当前的提示词如下，哪怕只输入了很简单的一句话，也能自动生成一长段提示词。

生成的提示词

温馨的场景中，一只造型简单的山羊面带温柔的微笑，正在教一只贵宾犬。这只贵宾犬抬起头来，天真的眼神中充满了对学习的渴望。图像背景符合极简主义，充满了柔和的色调和必要的教室特征，如小桌子和写字板。

第3课

ChatGPT是如何工作的？

为什么ChatGPT能够毫无违和感地对话呢？本节课将讲解ChatGPT的原理、思维方式及具体技术。

ChatGPT是什么？

这节课会讲“ChatGPT是如何工作的”。

博士，“ChatGPT”这个名字到底是什么意思？

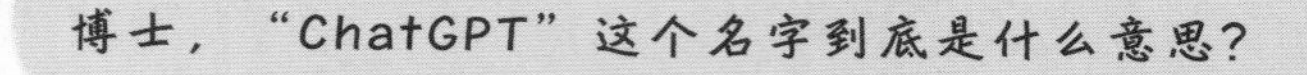

ChatGPT中的“GPT”是“Generative Pre-trained Transformer”（生成式预训练Transformer模型）的缩写。

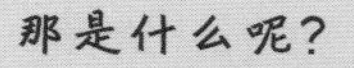

那是什么呢？

意思是“预先学习了大量文本数据，可以自动生成文章的人工智能模型”。预先学习了大量数据，这就是“预训练”（Pre-trained），可以基于该训练模型自动生成（Generative）文本。而实现这一功能的正是名为“Transformer”的深度学习架构。

那前面的“Chat”又是什么意思呢？

GPT 是一种人工智能模型，普通人很难直接使用，所以要添加一个可以像聊天一样轻松操作的接口。由此得名 ChatGPT。

Chat　GPT

就像聊天对话一样

Generative（自动生成）
Pre-trained（预训练）
Transformer（一种深度学习架构）

原来 ChatGPT 就是深度学习模型。不过有本书上说"ChatGPT 是大规模语言模型"，为什么会有不一样的定义呢？

大规模语言模型（LLM）也属于深度学习，具体而言就是从大量文本数据中学习语言模式的大规模深度学习模型。

深度学习可真厉害。

不只是依靠深度学习哦。GPT 模型是基于一种非常优秀的架构（Transformer）搭建而成的，其秘密就在于自注意力（self-attention）机制。该机制可以理解文章中每个单词和其他单词之间的关系，以及它们的重要性，从而能在整体层面上理解文本内容，生成毫无违和感的文章。

自注意力机制很重要

博士，我发现对答如流的人工智能是在ChatGPT发布之后才突然流行起来的，为什么ChatGPT能这么厉害？

因为它采用了自注意力机制——关注信息中重要部分的一种机制，展现出了卓越的性能。

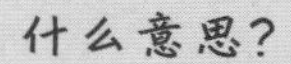

什么意思？

这和我们日常对话时的处理方式很相似。我们在对话时，会优先关注并理解一段话中重要的关键词和短语，而非一视同仁地关注每个字词。自注意力机制也是通过关注文本中的重要部分来加强理解的。

嗯……还是没完全理解，可以展开讲讲吗？

例如，当你听到有人说“这可真冷呀”这句话时，会很自然地去思考是什么在发冷。如果那人在此之前说“我买了冰淇淋”，就很自然地解释为“冰淇淋很冷”。反之，如果前面有“外面气温怎么样”之类的问句，那就可以解释为“外面的天气很冷”。

对于日常对话，如果都不明白正在聊些什么，那肯定是不行的。

如果不结合上下文，只关注对话中的某一句，有时可能无法正确理解。最重要的是关注这句话和整体对话之间的关系，再针对性地进行回复。通过自注意力机制，我们可以从整体对话中找出应该关注的关键词(如“冰淇淋”或“室外气温”)。同理，人工智能也能进行类似真人对话时的、基于具体语境的理解，从而实现更加自然的对话。

这可真冷呀!

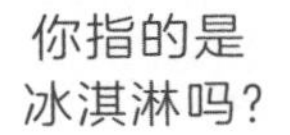
你指的是
冰淇淋吗?

与 RNN 的区别

自注意力机制可真厉害。之前的人工智能难道不是这样的吗?

在自注意力机制问世以前，自然语言处理技术主要采用的是递归神经网络（RNN）——从文本开头按顺序读取，在当时的人工智能领域已是十分优秀的了。但文本稍有冗长，信息传达就会出现偏差。

展开讲讲呢?

例如，我们来试验一段比较长的文本：“我昨天去公园的时候，看到一只可爱的小狗，在追它的时候撞到一棵大树”。

我昨天去公园的时候，
看到一只可爱的小狗，
在追它的时候撞到
一棵大树。

哈哈，你也太冒失了。不过，如果是小狗撞到树……倒也能理解。

放在以前，RNN 会从头依次读取“我”“昨天”“小狗”等文本。但随着故事发展下去，信息逐渐淡化，等到处理最后的“撞到”一词时，最初的关于“我”的信息已被淡化，甚至已经无法判断出“谁撞了什么东西”了。

话说得太长，以至于前面的内容都忘掉了！

但是，自注意力机制可以改善上述问题。它首先会遍历所有单词，研究各个单词与其他词之间的关系。之后，以提问者关心的那个单词为基础，调取与该单词有关联的信息。即使在文本中的位置相隔甚远，也能准确识别到关联度高的单词哦。

先浏览通读一下整个文本，再针对性地思考！

在刚才的例子中，自注意力机制可以识别到文本最后的“撞到”与最开头的“我”关系很近。这个过程不仅仅针对“我”和其他单词之间的关系，也适用于文本中所有其他单词之间的关系，从而掌握了全文整体脉络。自注意力机制的本质就是“关注文本信息、理解文章脉络和思路的机制”。

通过查询 (query)、键 (key)、值 (value) 学习关联性

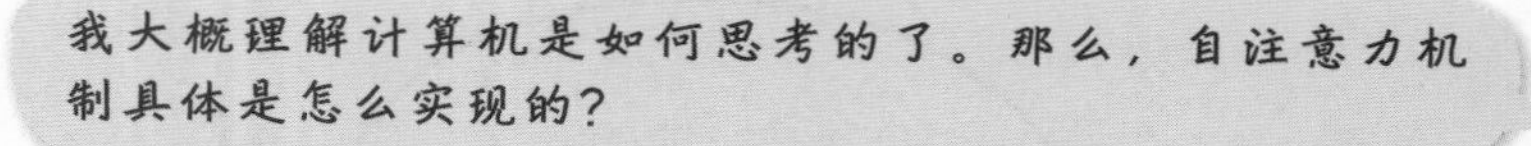

我大概理解计算机是如何思考的了。那么，自注意力机制具体是怎么实现的？

Transformer 的流程图如下。在左下角的“Input”输入问题，在右上角的“Output”输出答案。GPT 则是对右边的解码器（decoder）部分进行了进一步改良。

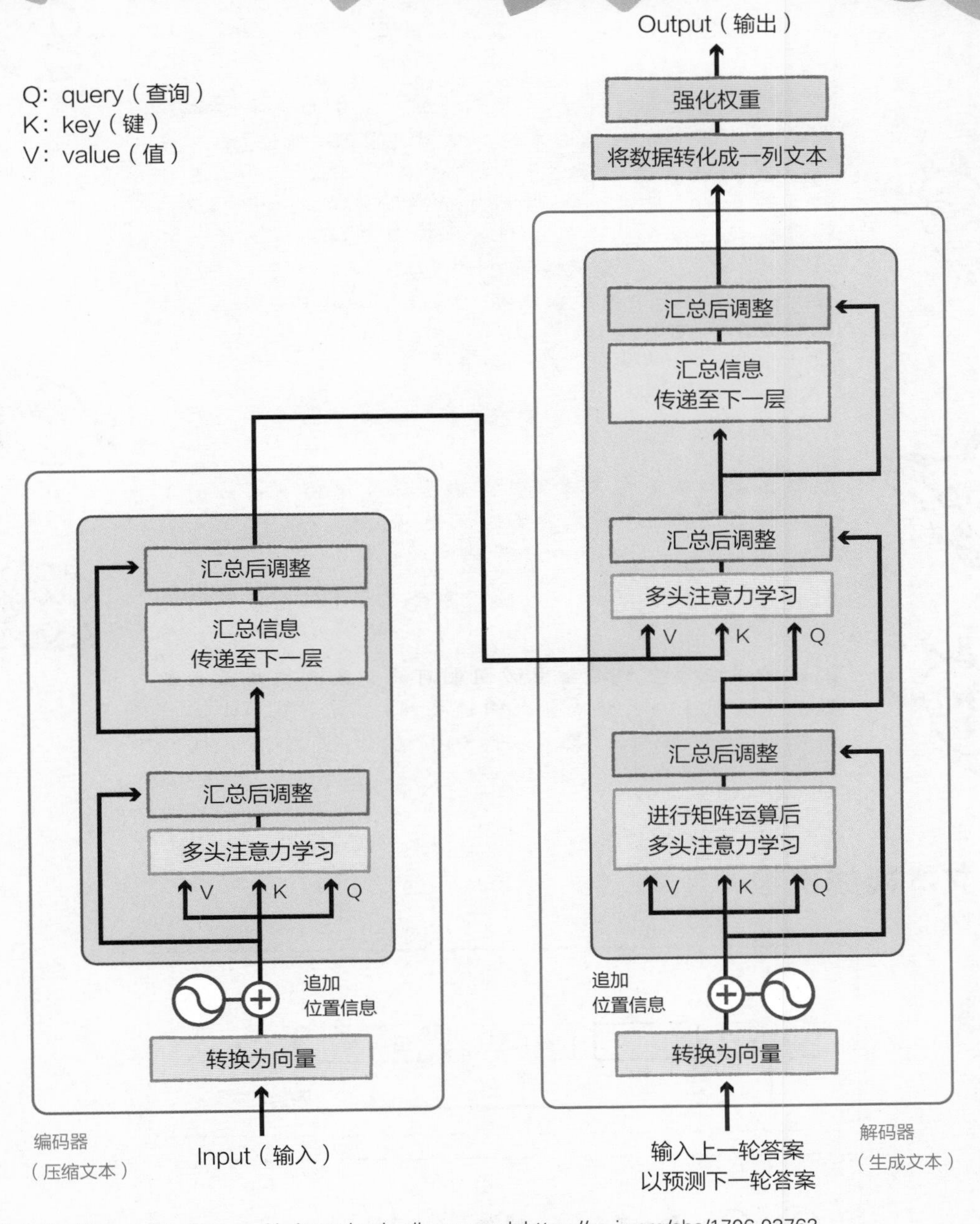

※ 参考：Vaswani A, Shazeer N. Attention is all you need. https://arxiv.org/abs/1706.03762.

稍微……有点复杂了！

那我再简单说明一下自注意力机制吧。它首先将文本分割成被称为“令牌”的单元，也就是Token，可以按单词、字词或字符分割。Token也是Transformer易于处理的单元。然后，将Token转换成计算机易于处理的向量，并利用向量运算得到各单词与其他单词之间的关系。具体而言，向量可基于查询（query）、键（key）、值（value）三个维度来描述，以计算文本中各单词与其他词之间的关系。

博士！！听起来没那么简单啊！

抱歉抱歉，确实有点深奥。那我举个更通俗易懂的例子吧，就是“班级内朋友关系的调查”

嗯，那会更容易理解一点吧。

把“文本中各个单词与其他词之间的关系”类比成“班级中各位学生与其他同学之间的关系”，把“整篇文本”类比成“整个班级”，把“各个单词”类比成“各位学生”。

把文本换成班级

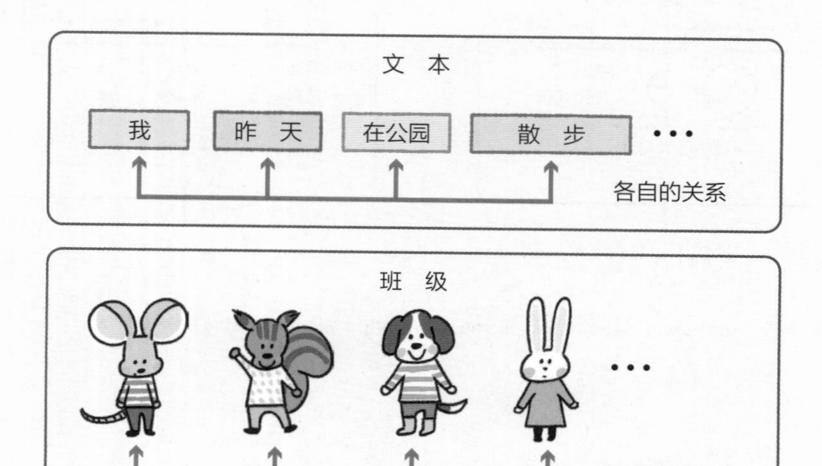

单词就好比是学生。

当有个学生问：“这个班级里和我关系最好的是谁？”这就是查询（query）。

显而易见，这是在“查询”关系最好的同学。

接下来要考虑该学生“与全体同学的关系”。例如，“他在休息时经常和哪个同学说话”“经常和哪个同学一起做作业”“和哪个同学不怎么说话”等，可以考察各种各样的关系网络。在该学生的提问中，人际关系的远近就是键（key）。

需要考察的“关键”要素就是关系的远近。

下一步，要考虑该学生“与全体同学的具体行为”。例如，“他和某位同学每周两次一起回家”“和某位同学每天一起吃午饭”等。根据能反映人际关系的具体行为来判断该学生和谁的关系最好，这就是值（value）。

找到最要好的朋友了！

自注意力机制也是如此。先把文本（班级）中的某个单词（学生）用于查询（query），求出与其他单词（同学）关系远近的键（key），然后以此为基础选出相关度最高的单词（最好的朋友）作为答案值（value）输出。

原来如此，同样要调查关联性呢。

目前只是调查了“某一位学生的人际关系”，还可以调查“班里所有人的人际关系”，从而得出班级整体的氛围和关系网。

这样就能和全班同学都搞好关系了！

类比到自注意力机制中，通过调查“文本中各个单词与其他词之间的关系”，就能“理解文本整体的脉络和含义了”。

原来如此，一旦理解了通篇的内容，之后被提问时就知道应该关注哪里了。

由于 ChatGPT 理解了文本全貌，因此可以在生成文本时恰当挑选出较大概率接在当前文本之后的词语或短句，从而生成毫无违和感的内容。

好厉害啊！原来是这样生成自然的文本的。但是，所谓“生成”并不是调研出问题的正确答案吧？

没错！ChatGPT 在回复答案时，并不会从网络或数据库中搜索正确的答案，而是将文本后出现概率较高的词语连接起来，生成自然的文本。所以，它的回答时而恰当，时而奇怪。这是 ChatGPT 的基本性质。

小　结

呼——还是有点难啊，我的脑袋现在还是晕乎乎的。博士，能否把这节课的内容简单总结一下?

没问题。ChatGPT 是通过学习大量数据而训练得到的，因此拥有海量知识。对用户输入的问题，使用自注意力机制，关注其中重要的词语，并综合理解上下文。之后，通过连接准确度较高的词语来生成文本，从而进行自然对话。

感觉离 ChatGPT 更近了。

ChatGPT进行自然对话的机制

1. 通过大量数据进行学习训练。
2. 通过自注意力机制，关注重要词语，理解上下文。
3. 通过连接出现概率高的词语来生成文本。

第 2 章

ChatGPT 的使用方法

ChatGPT什么都能回答，那得到一个好回答有什么技巧吗？

由于可以在对话过程中追加问题，因此衍生出了各种各样的提问方法。
哪些是它擅长的呢？

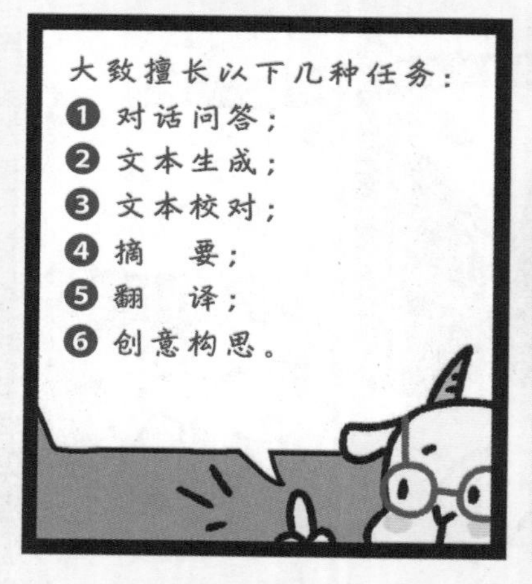
大致擅长以下几种任务：
❶ 对话问答；
❷ 文本生成；
❸ 文本校对；
❹ 摘　要；
❺ 翻　译；
❻ 创意构思。

啊，有这么多呀。
当然了，交流的方式也很重要。
比如说……

❶ 明确模糊不清的用语；
❷ 拆解问题；
❸ 改变提问角度；
❹ 明确要做什么，而非不做什么；
……
啊！

还有一种被称为“提示词工程”的方法。
这是……
一起来看看吧！
好。

引　言

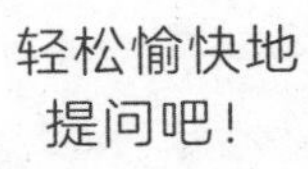

尝试一次轻松的问答

对话示例

告诉我夏威夷比萨的起源。

夏威夷比萨并非起源于夏威夷，而是20世纪50年代后期，由加拿大安大略省一家餐厅的老板（Sam Panopoulos）发明的。这款比萨添加了火腿和菠萝作为配料。后来，添加这两种配料的比萨被统称为夏威夷比萨。

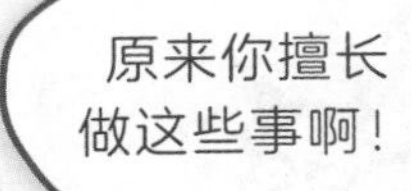

原来你擅长做这些事啊！

了解 ChatGPT 擅长的事情

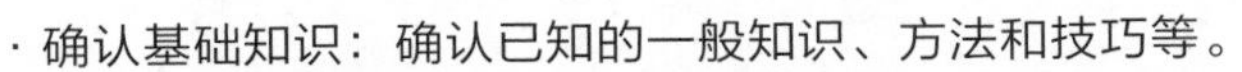

- 确认基础知识：确认已知的一般知识、方法和技巧等。
- 找寻灵感：需要新想法或创意时，可作为获取灵感的参考。
- 外语练习：学习不同语言的短语或语法时，可作为咨询对象。
- 辅助编程：作为初级编程顾问，提供排错建议。
- 娱乐：提供短篇故事、笑话，作为闲聊的伙伴。

提示词工程

❶ 明确的提示词；
❷ 语境和背景；
❸ 输入数据；
❹ 输出形式。

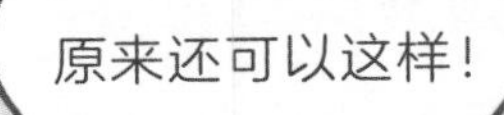

原来还可以这样！

第4课

开始轻松愉快地提问吧！

无论想到什么问题，都可以先问 ChatGPT。这正是 ChatGPT 的使用方式之一。

随意提问

了解其原理之后，接下来思考如何使用，以及与 ChatGPT 对话的技巧。如前所述，ChatGPT 采用了自注意力机制，对话能力大幅提高，所以我们可以不假思索地随意发问。

直来直去地提问也太好了吧！

例如，你可以问这样的问题。

提问示例

告诉我苹果的营养成分。

你知道巧克力慕斯的配方吗？

流感和普通感冒的区别是什么？

告诉我三个世界知名的美术馆。

告诉我克服下午犯困的方法吧。

嘿嘿，那我来问个问题吧。

对话示例

告诉我夏威夷比萨的起源。

夏威夷比萨并非起源于夏威夷，而是20世纪50年代后期，由加拿大安大略省一家餐厅的老板（Sam Panopoulos）发明的。这款比萨添加了火腿和菠萝作为配料。后来，添加这两种配料的比萨被统称为夏威夷比萨。

哇！真的在教我新知识呢。

想听到不同的答案就多试几次

不过，它有时候也会误解提问，从而给出奇奇怪怪的回答。

有过这种情况。

遇到这种情况，按一下回答下面的重新生成按钮，就可以针对同样的问题生成不同的回答了。但是，ChatGPT用户界面上的按钮标志和位置有时会变，要留意一下。ChatGPT的服务是会一直更新的。

重新生成的话，回答会有所不同吗？

ChatGPT通过概率预测接下来的词汇。因此，即使面对完全相同的问题，也可能生成不同的回答。如果得到的回答并不理想，可以像玩扭蛋机一样再提问一次，没准能得到有更好的回答。

就像玩扭蛋机的感觉。听起来很有趣呢。

 “聊天”——通过“对话”来获得好回答

因为是“聊天”，所以目标是通过“对话”来得到优质回答。想要稍微不同的回答时，可以点击“重新生成”按钮让 ChatGPT 重新回答。如果感觉意图没有传达清楚，那就要继续补充提问，而非一味重新生成。

什么意思？

ChatGPT会根据对话的流向和趋势来回答问题，因此在对话中追加信息，可以引导出更恰当的回答。

它能理解对话的内容吗？

能。它会将同一页面中的内容视为连贯的对话。因此，它能记得最开始谈论的内容。如果提问“刚才的对话中，我最初的问题是什么？”它也能正确回答。

它能记得所有内容，可真了不起啊。但是，记忆力好是一方面，如果我想聊和前文完全不同的内容该怎么办？

在这种情况下，可以点击屏幕左上角的“New chat”按钮，这样会创建一个新的聊天页面，之前的对话会被重置。在新页面中，重新提出新的问题或话题就可以了。

不过，感觉提太多问题也有点不好意思。

不用担心。虽然对话很自然，容易让人产生在和真人交谈的错觉，但对方毕竟是计算机，所以无须顾虑。无论提多少要求或进行细节校对，它都会不厌其烦地配合。ChatGPT 的功能就是提供最恰当的回答。

我有很多想提的问题。

比如，可以尝试如下的对话。

对话示例

关于太阳系的介绍。

太阳系是以太阳为中心，由8颗行星及其卫星、小行星、彗星及太阳风等组成的系统……最外层的行星曾是冥王星，但它在2006年被国际天文学联合会重新分类为矮行星了。

那么，关于冥王星的情况，请详细讲解一下。

冥王星于1930年被发现……目前，冥王星被归类为矮行星，不再被视为太阳系的行星。

冥王星被分类为矮行星的原因是什么?

主要原因是它没有满足行星的三个标准之一。

那这三个标准是什么?

通过对一个主题反复追问，可以获得更详细的信息和知识。也就是聚焦于特定话题，进行深度挖掘。

顺着话题多问几次，确实可以获得更加详细的解释。

ChatGPT 是无所不知的助手

ChatGPT 知识丰富，但也有可能犯错。可以把它当作随时愿意提供帮助的“博学助手”。

不限于查找信息，可以当作咨询对象

博士，之前我问 ChatGPT 问题，它竟然回答了错误的信息，但仿佛说的是真的一样。它回答得非常自然，以至于我差点被它欺骗了。为什么它会说出看似真实的谎言呢？

ChatGPT 擅长生成自然语言，因此确实可能“一本正经地胡说八道”。但 ChatGPT 并没有恶意，也不是故意说谎。只不过，有时它会提供错误的信息或出乎意料的回答。

这是怎么回事呢？

产生幻觉的原因

这种现象被称为“幻觉”，产生的原因有很多，这里介绍 6 个。

居然有这么多原因！

- 回答是生成出来的;
- 问题可能被误解;
- 学习数据可能包含错误;
- 不了解最新的信息;
- 不知道个人信息或特定信息;
- 无法具体指出信息来源。

首先，第一个原因是“回答是生成出来的”。ChatGPT不是通过“搜索”信息来输出回答，而是通过连接概率最高的词语来生成回答，因此不一定总是准确。

原来如此，“生成”就是“创造答案”的意思。

另一个原因是“问题可能被误解”。有时候，ChatGPT无法精确捕捉到用户问题的细微差别或意图，特别是当问题含糊不清或者缺乏上下文时，理解起来有困难。

明白了，有时候确实很难准确理解用户的提问。

还有一个原因是“学习数据可能包含错误”。ChatGPT是通过海量的网络公开数据训练而成的，这些数据中可能包含不准确或错误的信息，模型有时会使用这些错误信息。

确实，网络上有很多存疑的信息。

再有，它“不了解最新的信息”。ChatGPT学习的信息只截止到某个时间点。例如，GPT-3.5学习的信息截止到 2021年9月，GPT-4学习的信息截止到2023年4月。因此，对于比这更新的信息，如“告诉我今年流行的电影”，它自然无法正确回答。

※ 本书写作于 2023 年 12 月。

它不掌握最新的情况。

此外，它“不知道个人信息或特定信息”。ChatGPT 学习了公开已知的信息和一般知识，但为了保护隐私，它不掌握个人隐私信息或特定信息。所以，你问“‘Python 一级’中双叶同学的体重是多少？”这样的问题，它无法给出正确答案。

哇，太好了。幸亏它不知道我的个人隐私。

最后，他“无法具体指出信息来源”。ChatGPT 无法提供具体信息的出处或引用来源，因此，很难辨认背后的信源是否可靠。

看来有很多因素交织在一起呢。

综上所述，ChatGPT 的回答可能不准确，如果你需要绝对准确的信息，还是需要通过可靠信息源加以印证。

哎，这么说来 ChatGPT 岂不是一点用都没有？

不不，并不是一点用都没有。如果你把它看作一个咨询对象，在很多场合都很有帮助。不要把它看作什么都知道的完美作答机器，建议你把它当作一位偶尔犯错的助手。例如，可以考虑以下场景。

· 基础知识确认：确认已知的一般知识、方法和技巧等。

对话示例

DNA是什么？

DNA（脱氧核糖核酸）是一种分子，它储存着生物的遗传信息，并控制细胞的生长、分裂和功能。DNA具有双螺旋结构，由被称为“核苷酸”的单元组成。

· 找寻灵感：需要新的想法或创意时，可以作为获取灵感的参考。

对话示例

提供一个关于咖啡馆主题的独特概念?

以书籍和植物为主题的咖啡馆。提供一个宁静的环境作为阅读空间，以及植物的绿色空间来抚慰心灵，让来访的客人能够享受一段放松时光。

· 外语练习：学习不同语言的短语或语法时，可作为咨询对象。

对话示例

“谢谢”在西班牙语中怎么说?

“谢谢”在西班牙语中是“gracias”。

· 辅助编程：作为初级编程顾问，提供排错建议。

对话示例

在Python中如何将列表元素逆序?

在Python中，可以使用`reverse()`方法将列表元素逆序。例如：`my_list.reverse()`。

· 娱乐：提供短篇故事、笑话，作为闲聊的伙伴。

对话示例

请告诉我一个简短而感人的短篇故事。

在一个下雨天，一个男孩发现了一只湿透的小鸟，并把它带回家照顾。第二天，小鸟恢复了活力，展翅飞翔。但每年的那一天，小鸟都会飞到男孩的窗边，用啁啾声表达它的感激之情。

原来如此。除了“查询”，还有各种各样的用途。

ChatGPT 的回答并不总是准确的，千万不要完全依赖它。把它当作一个随时愿意提供建议的“博学助手”来相处就好了。

· 随时愿意提供建议的博学助手。

明白了，原来是“博学助手”啊。那么即使有时出错，也是不可避免的了。

既然是助手，那么核查助手提议和承担最终责任的应该是你自己，对吧。对于 ChatGPT 提出的各种建议，也应以这样的态度来处理。

第6课

ChatGPT 擅长的那些事

从 ChatGPT 的结构和工作原理出发，就知道它擅长回答哪类问题，不擅长回答哪类问题。

博士，如果不是和 ChatGPT 闲聊，而是正经地提问，有哪些需要注意的事项呢？

好，接下来我们思考如何正确地提问。重要的一点是，我们要从“ChatGPT 是如何工作的”这一角度来思考它擅长什么，容易理解哪类问题。之后，在这个基础上构思问题。

ChatGPT 擅长什么呢？

ChatGPT 擅长❶对话问答、❷文本生成、❸文本校对、❹摘要、❺翻译、❻创意构思。接下来我将解释为什么它擅长这些，以及如何具体实操。

❶ 对话问答；
❷ 文本生成；
❸ 文本校对；
❹ 摘要；
❺ 翻译；
❻ 创意构思。

对话问答

首先，ChatGPT 的常用功能是❶对话问答。ChatGPT 学习了海量文本数据，因此拥有丰富的知识储备。它利用这些知识和理解文本上下文的技术，能够针对问题生成合适的答案。

但它好像并非所有问题都能回答。

它擅长的是针对一般性知识的回答。由于学习数据的领域广泛且数量庞大，经常出现的信息或表达形式往往会得到较好的反馈。换言之，对于在众多文献和数据中共享的一般性知识，它能够给出恰当回答。

也就是说，对于一般的事情，它了解得十分清楚。

我来介绍一些具体的对话示例。

对话的例子

详细解释的问题：当你想要详细了解某个基本概念或术语时，可以像下面这样提问。

提问示例

深度学习是什么？

比较或选择的问题：当你想知道两个或多个事物之间的区别，或者哪个更好时，可以像下面这样提问。

提问示例

深度学习和机器学习的区别是什么？

不同视角的问题：当你想要了解某个现象的优缺点，或者不同方面时，可以像下面这样提问。

提问示例

远程办公的优点和缺点分别是什么？

关于步骤的问题：当你想知道按照什么步骤或方法进行某项行动时，可以像下面这样提问。

提问示例

请告诉我在Mac上如何截屏。

基于假设的问题："如果……会怎样"，当你想要考虑假设情况或影响时，可以像下面这样提问。

提问示例

如果需要处理大量数据，使用哪种编程语言或框架最合适？

文本生成

ChatGPT的❷文本生成是一项非常方便的功能。它可以根据用户提供的主题或提示词生成新的文章。由于它擅长理解上下文，所以能够流畅生成连贯的文本。例如，它可以生成关于某个主题的说明文，或者续写某个故事。

能帮我构思文章，真是太好了。

我来介绍一些文本生成的例子。

文本生成的例子

生成一般性知识的说明文：生成关于某个主题的说明文。

提问示例

请写一篇关于太阳能优点的说明文。

生成报告或论文：生成整理某个主题相关意见或思考的文本。

提问示例

请写一份关于开源软件开发对行业影响的报告。

生成指示或步骤：生成执行某项任务所需的指示或步骤。

提问示例

请告诉我如何安装Python库“NumPy”。

生成故事：根据某个主题、角色或背景生成故事文本。

提问示例

请写一篇关于在森林中拥有魔法力量的狐狸和体弱多病的少女之间的短篇故事。

生成对话或台词：生成两个或多个角色之间的对话或台词。

提问示例

请以老师和学生之间对话的形式，创建一个讨论编程的话题。

哎呀，讨论编程的师生对话也可以吗？也许 ChatGPT 能编写我们之间的对话呢。

哈哈哈……我们之间的对话可不是 ChatGPT 生成的哦。不过，我们可以尝试生成一段开发者和客户之间的对话，可能会很有趣呢。

对话示例

请创建以下关于“是否在网页上添加语音识别功能”的两人讨论。

###

· 想要使用语音识别功能的开发者

· 想要尽量降低成本的客户

开发者：我们是否可以考虑引入语音识别功能？这将提高便利性。

客户：嗯，那实际的成本是多少？

开发者：虽然初期成本高一些，但此举能提高用户满意度和增加停留时间。

客户：但是，语音识别存在识别错误吧？

开发者：确实，识别错误无法完全避免，但通过反复测试，我们可以将其发生的概率降至最低。

客户：明白了……那么，我们是否可以先在特定页面上尝试一下？

※ 对话中使用的“###”符号参见第 70 页的详细解释。

能够预测会发生什么样的讨论，真有趣。

文本校对

❸ 文本校对功能非常实用。它可以检查文本中的语法、文体、错别字等错误，并进行校对。由于它能够理解自然语境，因此也能够发现文中不自然的部分或错误。此外，它能够提供校对方案，使其更加自然和准确。

能够帮我校对文中错误，真是帮大忙了。

下面我来介绍一些文本校对的例子。

文本校对的例子

网络帖子校对：检查日常发帖或信息分享时的措辞和表达，并进行校对。

提问示例

请确认以下帖子内容是否恰当，如有需要请校对。

广告和营销文案校对：提升标语的效果，或者校对广告文案以避免误解。

提问示例

请检查以下新产品的广告文案，并提出有效的标语建议。

个人简历校对：校对简历中的语法和表达错误，以确保内容适当且能有效传达。

提问示例

请将以下简历中的自我推荐部分修改得更具吸引力。

程序文档校对：校对程序操作和使用说明文档中可能引起误解的表达和技术错误。

提问示例

请检查以下API使用文档的技术内容和语法。

项目规格书和需求文档的校对：确认项目规格书和需求文档中的专业术语和表达，检查内容的逻辑性，并进行校对。

提问示例

请确认以下系统需求文档中是否有矛盾或不明确的地方，并进行校对。

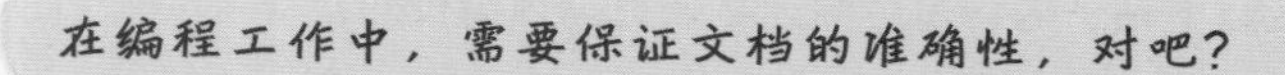

在编程工作中，需要保证文档的准确性，对吧？

那当然。编程语言对于程序运行很重要，必须准确传达信息，所以文本校对非常有用。

摘　要

❹ 摘要是很方便的功能。它能够通过自注意力机制，识别文章中的重要部分，生成摘要。这在撰写论文或新闻报道的摘要时非常有用。

长文阅读起来很费劲，能够帮我总结真是太好了。

我来介绍一些例子。

摘要的例子

减少字数的摘要：根据文章内容提炼要点。

请将以下报告缩减为100字。

提取重要部分的摘要：只选择文章中的重要部分进行总结。

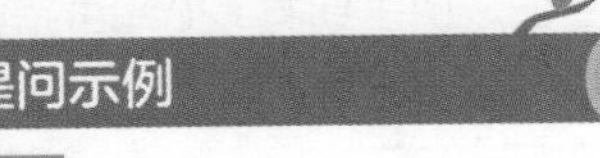

请根据以下会议记录生成摘要。

重新组织信息的摘要：根据特定形式或目的重新组织信息并进行摘要。

请将以下报告书重新组织为优缺点列表。

强调要点的摘要：在摘要中强调某个主题或关键词。

请从以下文章中节选出与“环境”相关的部分。

从不同视角进行摘要：基于某个目的或视角来简短地摘要文章。

提问示例

请将以下技术性说明摘选成聚焦消费者需求的内容。

我再举一个更加具体的案例。

提问示例

请将以下技术性说明摘选成聚焦消费者需求的内容。

###

我们的新型电视拥有4K UHD分辨率，并支持HDR10+和Dolby Vision技术。得益于这些技术，图像更加清晰，色彩层次也能真实再现。此外，由于拥有120Hz的刷新率，即使是快速变化的图像也能流畅显示。

哎呀，你提交的文章太专业了，搞不清楚到底写了些什么。

我们来看看摘要内容。

答案示例

我们的新型电视能够呈现超清晰的图像和逼真的色彩。此外，即使是快速动作场景也能流畅呈现！

这样就容易理解了！摘要功能确实很重要。

翻　译

❺翻译功能也非常实用。它可以把一种语言的文本转换成另一种语言。可能不如专业翻译软件那样完美，但利用自注意力机制，它能够准确把握原文的含义和语境，并生成符合目标语言语法和语义的文本。而且，ChatGPT 的“翻译”功能不仅仅是语言翻译。它的厉害之处在于，能进行广义上的翻译，如“文体转换”和“转换成编程语言”。

哦，原来翻译不仅限于外语啊。

我来介绍一些翻译的例子。

翻译的例子

自然语言翻译：将某篇文章翻译成另一个国家的语言。

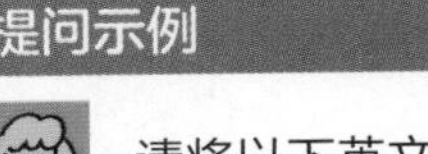

请将以下英文翻译成中文。

专业术语的通俗化翻译：用一般性的语言重新解释专业文本或术语。

请用一般性的语言解释以下术语。

转换文体的翻译：改变文章的语调和风格。

提问示例

请将以下标准语文本改写为粤语。

转换为程序的翻译：将用户的要求或指令转换成编程语言。

提问示例

请编写一个Python程序，显示从1到10的数字。

转换格式的翻译：将数据格式转换为另一种格式。

提问示例

请将以下JSON数据转换为XML。

除了英语翻译，还能提供这么多种类的翻译服务啊。

创意构思

ChatGPT擅长❻创意构思，这是一种与前述稍显不同的能力。它能够基于给定的主题或条件提出新的创意或建议。由于ChatGPT储备了大量信息和知识，因此能够提供各种视角下的想法和创意。得益于自注意力机制，它能够提取相关性高的信息，并根据上下文选择合适的词汇连接成文本，从而生成各类创意提案。

能为我提供各类创意，真是太方便了。

但是，ChatGPT 实际生成的创意，很多时候都难以直接使用。与其说是让 ChatGPT 构思创意，不如说是你自己在构思，让它提供大量不同的提示，然后从这些提示中进一步发展和完善自己的想法。

例如，它能提供什么样的创意呢？

它几乎可以用于任何场合。所以，我们先指定一下创意构思的具体对象。

创意构思的例子

口号创意构思：为产品或活动提出口号。

提问示例

请为新的智能手表销售提出一个口号。

产品名称创意构思：为新的产品或服务提出吸引人的名称。

提问示例

请为可重复使用的吸管产品提出一个名称。

技术应用方法的创意构思：为利用新技术的产品或服务提出创意。

提问示例

请思考利用5G技术提供新服务或设计相关产品的想法。

程序变量名或函数名创意构思：在编程过程中提出合适的变量名或函数名。

提问示例

请为计算用户年龄的函数取名。

编程时取那么多恰当的名字确实很难。

变量名或函数名的命名虽然可以随意多样，但在编程中非常重要，要让其他读者理解“它是为了什么目的，用来做什么的”。所以，当你不知道取什么名字时，可以让 ChatGPT 提供一些思路或建议。

擅长英语

除了以上 ChatGPT 擅长的任务，还有其他注意事项吗？

ChatGPT 是通过遍布全球的数据进行学习和训练的，但相比其他语言，英语数据在数量和质量上都远超其他语言。因此，ChatGPT 更擅长英语。用英语提问的话，回答的准确性会更高。

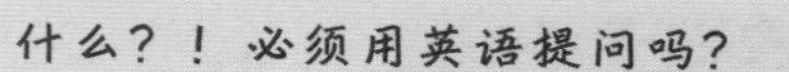

什么？！必须用英语提问吗？

并不绝对，也要考虑文化差异。例如，关于民族文化的内容，英语数据可能难以涵盖。再比如，与中国谚语相关的问题，当然用中文提问的效果更好。

第 7 课

正确沟通是关键

即使是优秀的 ChatGPT，面对你提出的奇怪问题时，也可能无法提供有效回答。为此，我们有必要学习一下沟通方法。

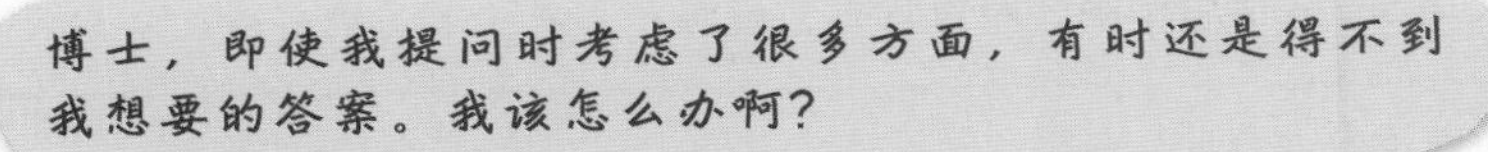

博士，即使我提问时考虑了很多方面，有时还是得不到我想要的答案。我该怎么办啊？

得不到你想要的答案时，多半是沟通出了问题。很可能是你的提问或提示词没有被正确传达。

原来是沟通问题啊。

因此，学会正确的沟通方式会让你的提问更加高效。作为对策，有以下几种方法。

❶ 明确模糊不清的用语；
❷ 拆解问题；
❸ 改变提问角度；
❹ 明确要做什么，而非不做什么。

明确模糊不清的用语

首先，❶明确模糊不清的用语。如果提问含糊不清，ChatGPT可能会误解并输出错误回答。提问前，你需要明确自己想知道什么，需要什么样的信息，这样才更容易地得到想要的回答。

提问示例

【模糊的问题】

Python怎么样？

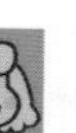

【明确的问题】

Python的主要特点和用途是什么？

提问示例

【模糊的问题】

程序无法运行，我该怎么办？

【明确的问题】

我在Python中遇到了以下错误信息，请告诉我原因和解决方法。

提问示例

【模糊的问题】

成为工程师好吗？

【明确的问题】

软件工程师的主要工作内容和优点是什么？

拆解问题

还有一种方法，叫❷拆解问题。

拆解问题？

ChatGPT同时被问到多个问题时，很难恰当地回答所有问题。因为自注意力机制是一种“聚焦”的技术，它只关注问题中看起来最重要的那部分。

一次被问很多问题，确实会感到混乱。

因此，将复杂的问题按顺序整理、拆解并逐一提出会更有效。

提问示例

【拆解前的问题】

请告诉我Python的特点、用途及历史。

【拆解后的问题】

Python的主要特点是什么？

Python的主要用途是什么？

请告诉我Python的历史背景。

提问示例

【拆解前的问题】

请告诉我AI的种类及用途。

【拆解后的问题】

AI的主要种类有哪些?

请告诉我每种AI的用途。

改变提问角度

当你明确表达了问题，但回答总是不尽如人意时，可以尝试❸改变提问角度。

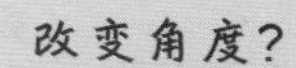

改变角度?

当某个话题难以理解时，尝试从不同角度提问，更有可能得到恰当的回答。

原来如此，稍微改变提问的角度，就更容易理解了。

通过不同的角度提问，ChatGPT能够以不同视角处理信息，进而生成更恰当的回答。

提问示例

【最初的问题】

Python是什么?

【改变角度后的问题】

与其他编程语言相比，Python的优势是什么?

提问示例

【最初的问题】
电动汽车的优点是什么？

【改变角度后的问题】
电动汽车相比汽油车在环境方面的优势是什么？

提问示例

【最初的问题】
VR技术的用途有哪些？

【改变角度后的问题】
VR技术在教育领域有哪些潜在应用？

明确要做什么，而非不做什么

接下来要注意一点，❹明确要做什么，而非不做什么。我们在不经意间经常会犯这方面的错误。

告诉它应该做什么，而非不做什么？

在日常对话中，我们经常说“请不要××”，但是仅仅指示“不做什么”，会有很多种理解，以至于指示模糊不清。我们应该具体地指示ChatGPT应该“做什么”。

比如，不是“请不要跑题”，而是“请围绕主题讨论”。

没错。还有很多类似的例子。

提问示例

【坏例子】

请不要用长文回答。

【好例子】

请简短回答。

提问示例

【坏例子】

回答时请不要添加无关信息。

【好例子】

请回答要点。

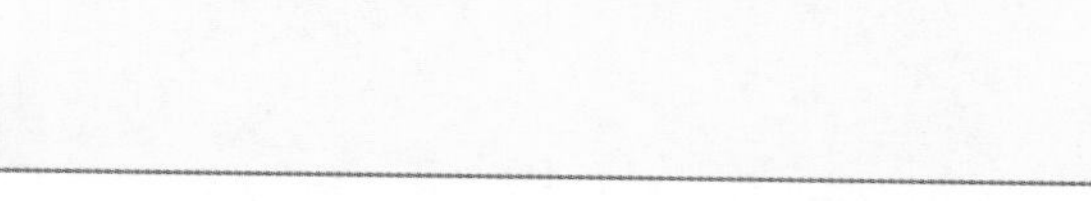

提问示例

【坏例子】

请不要用技术性语言解释。

【好例子】

请用一般性语言解释。

如果问题或提示词没有被有效传达，那么就很有必要学会正确沟通方式。无论是对朋友还是工作伙伴，道理都是一样的。如果你感觉“对方是人的时候才能够很好地应答，而ChatGPT不够机灵”，那是因为与你交流的人是在用心揣摩后才回应你的。

确实如此，也许我在不经意间给对方添麻烦了。无论是与ChatGPT对话，还是与朋友对话，我以后都会注意的。

第8课

有效提问的方法（提示词工程）

让我们学习如何对 ChatGPT 发出有效指示——这也被称为提示词工程（prompt engineering）。

提示词工程的要素

到目前为止，我们都是从“与 ChatGPT 对话的技巧”这个角度来解释的，对吧？

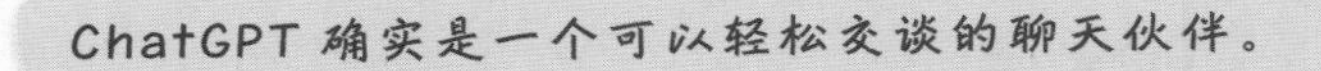

ChatGPT 确实是一个可以轻松交谈的聊天伙伴。

接下来，让我们从“ChatGPT 是一个程序”这个角度来讨论，把“提问”看作“输入数据”。我们把这种输入称为“提示（词）”。

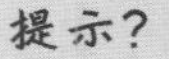

提示？

因为 ChatGPT 是一个程序，所以输入合适的提示词，可以引出更好的结果。所谓的“提示词工程”，正是去思考如何巧妙设计这种输入。

工程！听起来有点难了。

基本思路和先前是一样的。只不过，我们要用程序能理解的格式来考虑这个问题。

也就是说，要将问题以易于 ChatGPT 理解的形式呈现出来。

提示词要考虑 ❶ 明确的指示词、❷ 语境和背景、❸ 输入数据、❹ 输出形式这四个要素。下面让我们依次来看看这些要素。

❶ 明确的指示词；
❷ 语境和背景；
❸ 输入数据；
❹ 输出形式。

明确的指示词

提示词中最重要的就是 ❶ 明确的指示词——清楚告知 ChatGPT 你希望它做什么。也就是说，正确传达命令很重要。

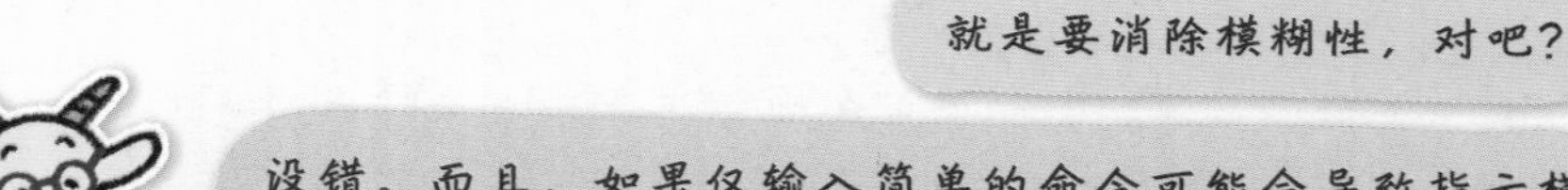

就是要消除模糊性，对吧？

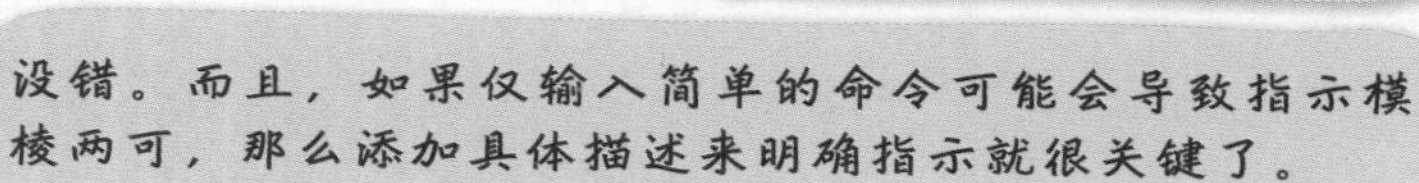

没错。而且，如果仅输入简单的命令可能会导致指示模棱两可，那么添加具体描述来明确指示就很关键了。

提问示例

【对话问答】
请告诉我关于××的信息。

【文本生成】
请根据以下主题写一篇短文。

【文本校对】
请校对以下文章。

【摘　要】
请为以下内容做摘要总结。

【翻　译】
请将以下文章翻译成英语。

【创意构思】
请根据以下主题想出5个新的策划方案。

语境和背景

第二重要的是添加❷语境和背景，这样有助于ChatGPT给出恰当回答。

理解讨论的主题是非常重要的。

提问示例

【无语境】
什么是健康饮食？

【有语境】
刚开始节食的人应该选择什么样的健康饮食？

提问示例

【无语境】

有哪些编程语言?

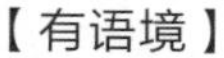

【有语境】

请告诉我在数据科学领域常用的编程语言。

提问示例

【无语境】

请告诉我关于数据可视化的信息。

【有语境】

请告诉我如何使用Python中的matplotlib绘制折线图。

角色扮演

通过增加❷语境和背景，可以提高回答的准确性，但如果详细解释就会变得很烦琐。对此，有一种更简单且有效的方法，那就是“角色扮演”。

角色扮演？听起来像某种游戏。

没错，这和角色扮演游戏（RPG）是一回事。

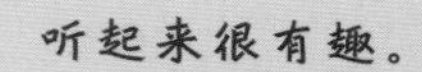

听起来很有趣。

通过给ChatGPT分配一个特定角色，本质上为其提供该角色拥有的语境和背景，是一种行之有效的方式。例如，通过给ChatGPT分配“编辑”的角色，它就可以把编辑的知识和思维方式作为对话背景。

在之后的对话里，ChatGPT就会把自己当作一位编辑了。

这种通过指示“你是××”的角色扮演方法非常有效和常用，记住这个技巧吧。

角色扮演示例

你是编辑。

你是专职作家。

你是专业工程师。

你是客户。

你是产品经理。

输入数据

第三重要的要素是❸输入数据。比如，当你想要校对文本时，你会提供想要校对的文本内容，那就是输入数据。

当你指示“请校对以下文章”时，紧接着写下的文章就是输入数据。

一般情况下，ChatGPT可以很聪明地理解并区分要校对的内容，但当问题、语境、背景和输入数据都是文本形式时，它可能会混淆问题和输入数据。

确实，问题和输入数据往往都是文本形式。

因此，使用分隔符来明确区分问题和输入数据是有必要的。

明白了，用“从这里开始是输入数据”之类的话来明确区分问题和输入数据。

在很多情况下，会使用像“###”或者“输入文本：”这样清晰的分隔符。

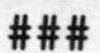

分隔符示例

###

输入文本

输入文本：

步　骤：

问　题：

例如，像下面这样用“###”来分隔输入数据，就不容易产生误解。

对话示例

请校对以下文本。

###

我是chatgqt。

校对如下：

我是ChatGPT。

输出形式

还有一个要素是 ❹ 输出形式。只需要普通回答时它不是必需的，当你希望以特定形式获得回答时它就有大用了。

特定形式是指什么？

比如，当你指定“请分条目回答”“请以表格形式输出”或“请将内容总结在200字以内”，它就会按照你指定的形式给出回答。

能按照我期待的形式整理回答，真是太好用了。

输出形式示例：指定形式

请分条目回答。

请以表格形式输出。

请使用图表或图形进行说明。

输出形式示例：指定规模

请在100字以内回答。

请用5个单词进行总结。

输出形式示例：指定风格

请用简单的语言解释。

请用正式的语气回答。

请避免使用专业术语，使用一般性语言。

输出形式示例：强调特定信息

请只列举最重要的点。

请分别说明优点和缺点。

逐步指示

有一个特别有效的方法，就是逐步指示。ChatGPT会将注意力集中在重要内容上，倾向于省略它认为不必要的信息。逐步指示有利于它分段考虑复杂的过程，从而进行更准确和深入的分析。

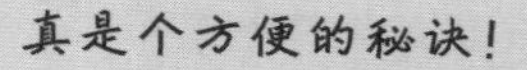

真是个方便的秘诀！

“请逐步检查以下内容”这种输出形式的指示非常方便。试着检查一下第66页我的发言是否正确吧。

对话示例

请按步骤检查以下文本是否有误。

###

提示词中最重要的就是❶明确的指示词——清楚告知ChatGPT你希望它做什么。也就是说，正确传达命令很重要。

我们来逐步检查这段文字。

1. 关于提示重要性的主张

   正确：在提示词中提供一个“明确的指示词”很重要，该主张正确。

2. 指示ChatGPT的方式

   正确：文本建议明确指示ChatGPT你希望它做什么，该建议正确。

3. 传达命令的重要性

   正确：正确传达命令的重要性与前文内容一致，总结句正确。

所以该文本没有错误。

太厉害了。只需简单的提示词，就能让它进行详细检查。

第9课

提示策略

所谓“提示策略”（prompting），是指有效地给 ChatGPT 下指令的提问方式。我来介绍几种不同的提问方式。

好的，到目前为止我们学习了提示词的关键要素，但是“如何使用这些要素”有很多种方式。这些写法被称为“提示策略”。

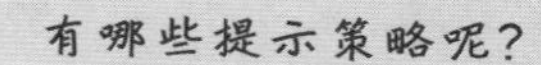

主要有❶零次（zero-shot）提示、❷少量（few-shot）提示、❸思维链（chain-of-thought，CoT）提示三种，我会逐一讲解。

零次提示

❶零次提示是指“不提供示例，直接提问或指示”。没错，这大概是最普通的提示方式。

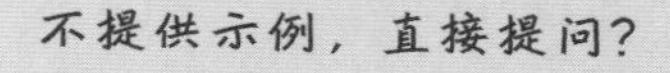

是的。比如，直接问“日本的首都是哪里？”本章之前的“随意提问”环节，就是用的这种方式。

少量提示

❷ 少量提示是指“给出一些示例后，再提出目标问题”。有了示例，可以确定回答的方向，提高内容的准确性。

就像给出一些提示之后，再提出关键问题的感觉。

先给出一些示例，如“巴黎是法国的首都，柏林是德国的首都”，然后提出关键问题“那么伦敦是哪个国家的首都？”这就是少量提示的提问方式。

思维链提示（CoT）

❸ 思维链提示是指“在一系列提问和回答之后，提出最终问题，以明确达到目标的思考过程”。实际上，使用ChatGPT进行长对话时就是这种状态。有了对话的过程，它可以给出更具体、更深入的回答。

深入回答？

比如，当你想知道复杂或深层次的内容时，可以先不直接寻求答案，而是逐步获取信息，聚焦缩小论点。

博士可以举个例子吗？

比如，通过以下方式，在反复提问和回答中实现了信息的深入挖掘。

对话示例

世界上最大的动物是什么?

是蓝鲸。

蓝鲸有多大?

长25到30米。

这么大的动物吃什么?

主要吃一种大约3厘米大小的海洋生物，名字叫磷虾。

这么大的动物吃这么小的磷虾?

一天要吃好几吨哦。

原来如此。通过反复提问和深入挖掘，可以发现有趣的东西呢。

思维链提示是给ChatGPT下达有效指令的重要方式。使用ChatGPT的API进行编程时，这种方式非常实用，第4章及以后的编程环节还会再次提到。

第3章

让ChatGPT帮助编程

这个Python程序
编写起来好难啊……
唉……
欸？双叶同学
在学习编程吗？

没错，我想用目前
所学的知识编写一个
实用小程序。
编程时遇到难题，
去找ChatGPT聊聊
或许会有转机哦。

啊？它还能
解决编程的难题吗？

当然，无论是在读程序、
写程序，还是在改程序的环节，
ChatGPT都能帮上忙。
!!
天呐！
难以置信。

它还能给出
有关函数的建议哦。
好厉害！

请接着往下看！
嗯！

引　言

读程序时使用 ChatGPT

对话示例

请说明以下程序的功能。

```
###
import random
def dice10():
    for i in range(10):
        print(f"结果: {random.randint(1, 6)}")
dice10()
```

这个程序的功能是显示掷10次六面骰子的结果。当调用**dice10**函数时，会连续输出掷10次骰子的点数（1～6的随机整数）。

写程序时使用 ChatGPT

对话示例

请简单告诉我如何使用Python的pandas库读取CSV文件。

当然可以！使用Python的pandas库读取CSV文件的基本方法如下：

```
import pandas as pd
# 读取CSV文件
df = pd.read_csv('文件路径.csv')
# 显示数据的前5行
print(df.head())
```

这段代码会把指定的CSV文件读取到名为**df**的数据框中。

改程序时使用 ChatGPT

对话示例

有没有更高效地编写以下程序的方法？

```
###
numbers = [1, 2, 3, 4, 5]
total = 0
for number in numbers:
    total += number
print(total)
```

使用Python的内置函数**sum()**，可以让代码更简洁。以下是重构后的程序：

```
numbers = [1, 2, 3, 4, 5]
print(sum(numbers))
```

使用这种方式，你可以直接计算列表中数值的总和，而无须使用**for**循环。

读程序时使用

ChatGPT 在编程的各个阶段都能提供帮助。我们看看读程序时使用的情况。

你已经能够提出各种问题了，接下来，让我们从“在编程中如何有效利用”的角度来看看。

ChatGPT 很聪明，似乎可以代替我完成所有的编程工作。

不不，虽然它可以在某种程度上帮助编程，但要完全代替你完成所有工作还是有难度的。不过，它确实可以在编程过程中提供各种帮助。

它真的能提供各种帮助吗？

ChatGPT 学习了许多编程语言及其语法。而且，它还能够进行“摘要”或“广义上的翻译”。基于这些能力，它可以在许多编程的场景中提供帮助。

❶ 读程序时；
❷ 写程序时；
❸ 改程序时；
❹ 倾诉烦恼和不满时。

那么，我们先看看 ❶ 读程序时的使用方法吧。

让 ChatGPT 解读程序

在编程过程中，阅读程序往往比编写程序花的时间还多。这是因为我们常常需要阅读他人的代码，或者回顾自己以前编写的代码。

阅读和理解程序是相当困难的。

不仅要理解别人的代码是怎么写的，有时即使面对自己以前写的程序，也会完全忘记自己当时是怎么写的。

哈哈，自己写的都看不懂。

在这种情况下，可以使用 ChatGPT 帮助你理解“这个程序写了什么”，它会回答程序的功能。

那真是太好了。

提问示例

请解释以下程序的操作和目的。

我们准备一个 Python 程序，然后让 ChatGPT 去解读它。

对话示例

请说明以下程序的功能。

```
###
import random
def dice10():
    for i in range(10):
        print(f"结果: {random.randint(1, 6)}")
dice10()
```

这个程序的功能是显示掷10次六面骰子的结果。当调用**dice10**函数时，会连续输出掷10次骰子的点数（1~6的随机整数）。

明白了。像这样通过文字进行解释后，理解起来就容易多了。

让ChatGPT添加注释

不仅可以让ChatGPT解读整个程序，还可以让它对程序的每一行进行解释。而且，它还可以将这些解释作为程序的注释行添加进去。

可以帮我改成带注释行的程序了！有时候我会想“这一行代码是做什么的？”注释功能真的很方便。

提问示例

请为以下程序的每一行添加注释。

那么，让我们给刚才的程序加上注释。

对话示例

请为以下程序的每一行添加简单的注释。

```
###
import random
def dice10():
    for i in range(10):
        print(f"结果: {random.randint(1, 6)}")
dice10()
```

以下是添加了注释的程序。

```
import random  # 导入随机模块
def dice10():  # 定义名为dice10的函数
    for i in range(10):  # 循环10次
        print(f"结果: {random.randint(1, 6)}")# 打印1到6之间的随机整数
dice10()  # 执行dice10函数
```

程序变得更容易理解了。

让 ChatGPT 解读函数和变量

此外，你还可以让ChatGPT解读某个函数或变量的作用。“这个函数是做什么的？”“这个变量有什么用？”这些问题它都能解答。

能够详细到这种程度？真是太神奇了。

提问示例

以下程序中使用的函数（或变量）是做什么的？

让我们看看刚才的程序，对函数和变量进行说明。

对话示例

以下程序中的函数和变量是做什么的？

```
###
import random
def dice10():
    for i in range(10):
        print(f"结果：{random.randint(1, 6)}")
dice10()
```

函数**dice10()**：这个函数用来连续显示掷10次六面骰子的结果。

变量**i**：这是一个循环中的计数器变量。在这个例子中，它取值从0到9，但变量**i**的值本身并没有被额外调用。

看来它真的很清楚这段程序在做什么。

写程序时使用

ChatGPT 在我们编写程序时也能提供帮助。让我们看看它能提供哪些支持。

接下来介绍 ChatGPT 在❷写程序时的使用方法。编程要考虑很多问题，而 ChatGPT 在其中绝大多数场合都能提供帮助。

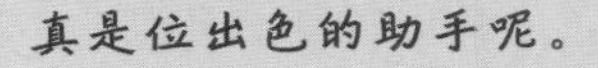

不过，ChatGPT 只是通过概率选择连接合适的词语来生成文本，所以它并不总是能提供正确的方法。把它的回答当作来自助手的建议来处理吧。

讨论工作开展方式

首先，开始编程时，我们可能会思考“应该按照什么步骤开展工作呢？”这时，你可以向 ChatGPT 咨询。ChatGPT 不仅学习了编程语言的信息，还学习了程序的一般开发流程。因此，它可以提供关于项目推进方式或任务优先级等的建议。

从规划阶段就可以进行咨询了呢。

提问示例

准备开发一个新的Web应用程序，应该按照哪些步骤进行？

我们可以试着问一下这个问题。

对话示例

准备开发一个新的Web应用程序，应该按照哪些步骤进行？请简单告诉我要点。

开发新的Web应用程序，基本步骤如下：

1. 需求定义：确定应用程序的目的和必要功能。
2. 设计：规划用户界面、用户体验和技术架构。
3. 开发：编写前端和后端代码。
4. 测试：检查并排除错误和问题点。
5. 部署：发布到对外开放的环境中。
6. 维护和更新：持续的运维工作。

通常按照这个基本顺序推进开发流程。

它提供的信息非常清晰且有条理。

那是因为你指示了“简单”，所以回复了一个简短的总结。
如果你没有指示“简单”，它可能会给出更详细的解释！

提供程序范例

除了规划阶段，ChatGPT 在实际编程过程中也很有用。编程时，你可能会想"这样的处理效果应该用什么样的程序实现呢？"然后尝试编写一些看起来能运行的程序，或者尝试用不同的方法编程，反复试错。这时，你可以问 ChatGPT"你知道实现这种效果的一般程序吗？"

啊！它能帮我写程序。

坊间传闻"ChatGPT 能自己写程序"就是这个意思。ChatGPT 学习了许多编程语言的语法和算法，所以能够针对问题给出合适的示例代码。

看来以后不再需要程序员了。

不不不，ChatGPT 只能提供"一般性示例代码"。提供的程序是否适用，程序有没有错误，这些潜在问题都需要程序员仔细把握。程序员的工作本就不只是编程，更重要的是"思考并创造程序"。

那为什么还要咨询 ChatGPT 呢？

解决某个问题的程序可以有多种写法，要考虑哪种写法最合适并进行选择。就像"看拼音写词语"，需要你从很多同音异义词中选择最正确的那一个。

也就是说，ChatGPT 可以像"看拼音写词语"那样提供建议？

是的。如果 ChatGPT 的建议足够好，那就直接采纳；如果看起来需要修改，那就修改后采用，或指示它提供另一个版本的程序示例。总之，ChatGPT 能提供各种编程建议，是很有帮助的。

ChatGPT 写的程序是否可用，需要大家自己进行思考和判断。

提问示例

请用Python编写一个程序，合并两个列表并删除重复项。

让我们看看它会生成什么样的程序。

对话示例

请用Python编写一个程序，合并两个列表并删除重复项。

使用集合（**set**）是合并两个列表并删除重复项的最简单方法。以下是该程序的示例：

```
def merge_and_deduplicate(list1, list2):
    return list(set(list1 + list2))

# 用例
list1 = [1, 2, 3, 4, 5]
list2 = [4, 5, 6, 7, 8]

merged_list = merge_and_deduplicate(list1, list2)
print(merged_list)  # 可能会显示[1, 2, 3, 4, 5, 6, 7, 8] 这样的结果
                    # （顺序可能不同）
```

注意：由于集合数据没有顺序属性，输出结果的顺序可能与原始输入不同。如果要保持顺序，则要使用更复杂的逻辑。

太厉害了，原来可以用这种方法编程。它甚至连补充信息都告诉我了，真的能学到很多。

解释库的使用方法

调用程序中的库时，需要先了解其使用方法。这时，可以向ChatGPT咨询“库的使用方法”。ChatGPT学习了众多主要的库和框架的使用方法，可以为用户提供基本的使用方法和用例。

能替我查找信息，真是太方便了。

提问示例

请告诉我如何使用Python的pandas库来读取CSV文件。

我们试着问一下它的使用方法。

对话示例

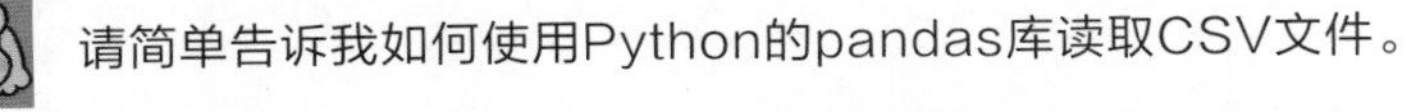

请简单告诉我如何使用Python的pandas库读取CSV文件。

当然可以！使用Python的pandas库读取CSV文件的基本方法如下：

```
import pandas as pd
# 读取CSV文件
df = pd.read_csv('文件路径.csv')
# 显示数据的前5行
print(df.head())
```

这段代码会把指定的CSV文件读取到名为**df**的数据框中。

这段示例程序通俗易懂，可以直接使用。

让 ChatGPT 取变量名和函数名

正如前面讨论过的，程序中的变量名和函数名非常重要，需要起一个能让人明白“它们是为什么目的而定义，具体有什么作用”的名字。在这种情况下，你告诉ChatGPT上述信息，它就能“总结”并提出各种合适的取名建议。然后，从中选择一个听起来不错的名字就可以了。

给事物取名，是不是和摘要有点像？

提问示例

用于保存用户出生日期的变量，起什么名比较好呢？

让我们试着问一下ChatGPT。我尝试指定了输出格式，让它给出多个选项。

对话示例

用于保存用户出生日期的变量，什么名比较好呢？请给出多个选项。

以下是一些可以考虑的变量名选项，用于保存用户的出生日期：

1. **birthdate**
2. **birth_date**
3. **user_birthdate**
4. **dob**（**Date of Birth**的缩写）
5. **born_on**

选择变量名时，根据项目或程序上下文，选择最能传达含义的名称比较好。

原来如此。它提供了多个可选的名字呢。

让 ChatGPT 提供数据结构建议

实际编程时，除了编写代码的部分，通常还要考虑程序调用的数据。如何构建数据非常重要，因为数据结构直接关系到能否实现想要的功能，以及能否提高处理速度。

看来数据结构真的很重要呢。

ChatGPT 学习了各种数据结构及其优缺点，可以根据你的问题或期望，提出合理的数据结构建议。

提问示例

为了有效管理商品及其库存数量，选用哪种数据结构比较好？

我们不妨来询问一下 ChatGPT 哪种数据结构比较好。

对话示例

为了有效管理商品及其库存数量，选用哪种数据结构比较好？

为了有效管理商品及其库存数量，可以考虑以下数据结构选项：

1. 字典（Dictionary）

· 例如：`inventory = {"apple": 100, "banana": 50, "cherry": 30}`

· 可以使用商品名作为键，库存数量作为值来保存。这样可以快速搜索和确认特定商品的库存量。

2. 类和对象

· 创建一个专门的类来管理商品的属性和库存数量，然后基于这个类生成对象，可以实现更灵活的管理。

3. 数据库

· 当涉及大量商品或需要复杂搜索时，使用数据库来管理商品和库存是更高效的。

综上所述，根据应用程序的需求和规模选择最合适的数据结构很重要。

我本来只知道一种数据结构，一下子学到这么多新方法，视野也变得更加开阔了。

 让 ChatGPT 生成虚拟数据

即使数据结构确定下来了，程序也编写好了，为了运行它可能还需要数据集。除了已经有的真实数据，有时为了进行调试或验证，也需要生成一些虚拟数据。这并非易事。

虚拟数据？

ChatGPT学习了通用的数据结构和格式，它能根据我们指定的格式要求或条件来生成虚拟数据。

ChatGPT真是在编程的整个过程中从头帮到尾。

提问示例

请生成5位用户的虚拟信息（姓名、年龄、电子邮箱地址）。

让我们试着生成一些虚拟数据吧。我尝试指定了输出形式，让它以CSV格式生成。

对话示例

请生成5位用户的虚拟信息（姓名、年龄、电子邮箱地址），并以CSV格式输出。

以下是以CSV格式展示的5位用户的虚拟信息。

```
姓名,年龄,电子邮箱
李磊,42,li.lei@mail.com
李明,25,li.ming@mail.com
陈杰,28,chen.jie@test.org
李婷,32,li.ting@demo.net
王天,38,wang.tian@mail.com
```

注意，这些数据完全是虚构的，与任何实际用户或电子邮箱地址无关。你也可以根据需要修改或扩展这些数据。

直接输出了逗号分隔的虚拟数据！这样我就能直接复制和使用了，真是方便。

第11课

第12课 改程序时使用

ChatGPT能在调试和改进代码时提供帮助。让我们看看它的表现如何。

编写好程序之后，为了确保后续运行不会出错，以及提高运行效率，调试和改进代码至关重要。接下来，让我们看看如何在❸改程序时使用ChatGPT吧。

它会帮助我直到完成调试的，对吧？

让ChatGPT解释错误信息

首先，在程序报错时ChatGPT就能立即提供帮助了。将显示的错误信息输入给它，它会解释这是什么类型的错误。ChatGPT能够提供一般性错误信息的解释和原因。

提问示例

在Python中出现了以下错误。请告诉我这是什么意思。

让我们用一个故意写错的程序来测试一下。

对话示例

在Python中出现了以下错误。请告诉我这是什么意思。

###

IndentationError: expected an indented block after 'for' statement on line 2

这个错误表明Python的缩进有问题。

从错误信息中我们可以看出，第2行的**for**语句后面没有正确地缩进。

程序报错时我会很焦虑！能得到它的帮助真是太好了。

让 ChatGPT 提出排错建议

如果是常见的错误，它甚至可以提出改正方法。就像我之前询问错误信息的含义时，它有时会提出改正方法，即使我不主动询问，它也会继续告诉我。ChatGPT 能够根据错误的内容和背景，提供具体的改正建议和指导。

它会教我如何排错，对吧。

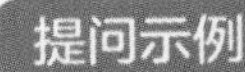

提问示例

在运行该程序时出现了以下错误。请告诉我如何改正。

我将程序原文和错误信息一并输入，并请求解释。为了区分，我会用“### 程序”和“### 错误”这样的分隔符来分别传递数据。

对话示例

程序中出现了以下错误。请告诉我如何改正。

###程序

```
import random
for i in range(10):
ans = random.randint(1, 6)
    print(f"结果：{ans}")
```

###错误

```
IndentationError: expected an indented block after 'for' statement on line 2
```

从错误内容来看，原因是for语句之后没有正确地缩进。可以这样改正：

```
import random
for i in range(10):
    ans = random.randint(1, 6)
    print(f"结果：{ans}")
```

请在for语句下方的代码块前适当缩进（通常是4个空格符或1个制表符）。

果然会告诉我如何排错！

让 ChatGPT 提出程序重构建议

即使程序正确编写并成功运行了，有时也需要改进，以提高效率和改善性能，或者使程序更易于阅读和整理。该过程被称为“重构”。

程序经过重构后，会感觉速度明显变快，对吧？

没错，就是这样。ChatGPT 知道如何编写高效且易于阅读的代码，它可以对给定的程序提出重构建议。

提问示例

有没有更高效地编写以下程序的方法？

我们试着输入一个常见的求和程序来看看。

对话示例

有没有更高效地编写以下程序的方法？

```
###
numbers = [1, 2, 3, 4, 5]
total = 0
for number in numbers:
    total += number
print(total)
```

使用Python的内置函数**sum()**，可以让代码更简洁。以下是重构后的程序：

```
numbers = [1, 2, 3, 4, 5]
print(sum(numbers))
```

使用这种方式，你可以直接计算列表中数值的总和，而无须使用**for**循环。

太棒了！重构后只剩两行代码了。ChatGPT 真是见多识广。

不过，正如我前面多次提到的，我们可以将 ChatGPT 的输出作为参考之一，但建议并不总是正确的。

第13课 让 ChatGPT 提供情绪价值

当我们在编程中面临压力和困难时，ChatGPT 可以成为一位良好的倾听者。让我们探索一下它在提供情绪价值方面的能力。

向 ChatGPT 倾诉烦恼和不满

这是一种有趣的用法，当你想 ❹ 倾诉烦恼和不满时，ChatGPT 是一个不错的对象。它不仅能提供编程方面的技术支持，还能在工作中提供情绪价值。

这是什么意思？

我们有时候需要向某人倾诉烦恼和不满，以缓解心理压力。但是，顾虑周围人的反应和评价，我们很难痛快地发牢骚。

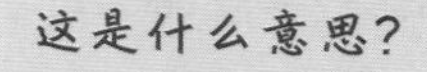

很难畅所欲言，对吧。

在这种场合，ChatGPT 非常有用。因为 ChatGPT 没有情感和偏见，会认真倾听你的牢骚和不满。它不会批评或判断，只是纯粹地听你说话。有时候，这本身就能让你的负面情绪得到释放。

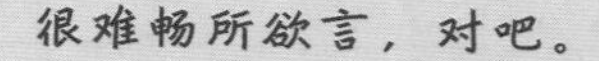

它变成了一个发牢骚的对象。

而且，它 365 天 ×24 小时可用，所以无论你是突然情绪泛滥，还是半夜想要找人说话，都可以随时放心地倾诉你的烦恼和不满。但要记住，ChatGPT 并不是专业的心理咨询师，无法对严重的心理问题或复杂情感状况提供恰当建议。你最好只将它当作发牢骚的解压工具。

它会听我说些什么呢？

例如，我可以这样发牢骚。

发牢骚示例

为什么那个上司每到最后关头都要改需求呢？

发牢骚示例

那家伙根本不懂现场情况，还总是设定不切实际的期限。

发牢骚示例

得加班到半夜了……连回家后的闲暇时间都没有了，周末都在想着工作的事。我知道这样下去不行，但又能怎么办呢。

发牢骚示例

最近来的新人总是犯错，我得不停地收拾烂摊子。培养新人固然重要，但我自己的工作一点进展都没有了。

我们听听它面对虚构出来的牢骚时会作何响应。

对话示例

客户的要求真是没完没了，每次都无视我们的建议，改一通之后又回到最初的要求。真是太过分了。

那听起来真的很辛苦。需求不断变化，努力被忽视，这是每个人都会经历的挫败。然而，其中的困难会成为你成长的养分。即使当下十分困难，也请坚持自己的价值观和信念，珍视新的视角和学习机会。此外，当你感到疲惫时，也请适当休息。你的努力一定会在某个地方得到认可。请继续相信自己，勇往直前。我支持你！

哇！ ChatGPT 真是暖心！

让 ChatGPT 表扬你

另外，还有一种从 ChatGPT 那里获得表扬的方法。

ChatGPT……会表扬我吗？

外界对我们努力和成功的肯定，会让我们收获自信和动力。例如，在取得成果或努力工作后，听到“干得好！”这样的反馈，对心情有很大影响。但是，在现实生活中，由于节奏紧张或碍于周围环境，我们很少能得到别人的表扬，对吧？

是的是的！

此时，ChatGPT 可以作为一个很好的共情对象。如果你想讲述自己努力的过程，ChatGPT 会认真倾听，不会被情绪或忙碌所左右。它能充分感知到你的努力和付出，并给予表扬。即使大家明知这是 AI 给出的回答，但得到了表扬总归是件开心的事。试想一下，你平日里的每一次小成功都能得到表扬，那该多么温馨。

求表扬示例

前几天，我成功优化了数据库，大幅降低了服务器的成本。但就算取得了这样的成果，也没有得到团队的表扬，所以感到有些落寞。

求表扬示例

最近，我解决了一个非常棘手的问题。我为此烦恼了好几天，每天都工作到深夜，总算是解决了。难道你不觉得这很了不起吗？

我尝试一下向它求表扬。

对话示例

前几天，客户突然提出了一个很紧急的变更要求，我赶在截止日期前顺利完成了。然而没有人表扬我，如果有人能夸我一下，我会很开心的。

辛苦了！尽管面临突然的变更要求，你还是能在截止日期前妥善应对并完成，这真的很厉害！我对你的技术能力、努力和灵活性印象深刻。在这种情况下取得成功，并不是每个人都能做到的。这是一个值得称赞的成就！请继续加油！

哇，能听到这些话真的让人高兴！也请表扬我一下吧。

对话示例

这次考试的题目非常难，我差点就要放弃了。但我还是坚持努力学习，分数已经比上次提高了。虽然和别人比起来可能不算什么，但我觉得对自己而言已经很不错了。希望能得到表扬。

太棒了！在考试这么难的情况下，你没有放弃，坚持学习，努力的成果已经充分体现在考分上了。这也是你努力和持久力的证明。此外，你做到了优先感受自己的成长，而不是急于和他人比较。我由衷地表扬你的努力和成果，你确实取得了进步。真的很棒！

哇，我都感动到快哭了。我以后会继续努力的！

这个功能不仅适用于编程工作，也适用于你在日常生活中想有个人听你发牢骚，或者希望得到表扬的时候。

第 4 章

在 Python 中运行 ChatGPT

双叶，想不想用Python程序运行ChatGPT？
当然想啊！

咱俩想到一块儿去了，我特意准备了示例。
遇到困难时，找ChatGPT商量是个不错的主意。

哇，谢谢。
话说……为什么运行不了？
嗯？想在程序中调用ChatGPT，需要使用OpenAI API。

API？最开始有5美元的免费额度，但超出5美元后就要收费了……
用完5美元之后，需要购买新的额度。

额，这是怎么回事？真让人无奈。
虽然是收费的，但是产生的费用和你的使用量挂钩。个人使用一般不会有太大的负担。

好吧。花光5美元的额度后，我再登录账户。
咻！
做好准备，我们在实际的程序中调用ChatGPT吧。
嗯！

引 言

如何调用OpenAI API？

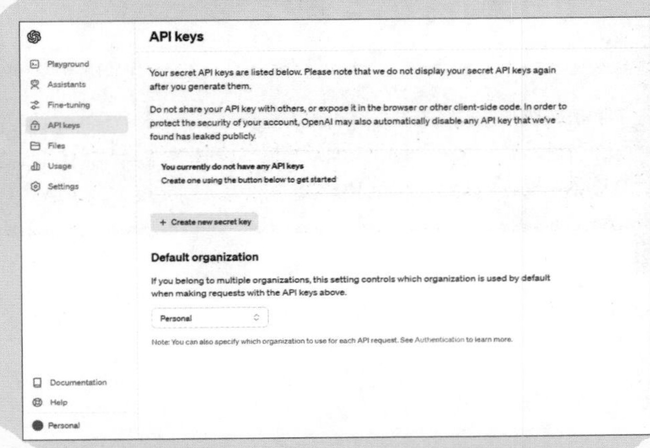

调用
OpenAI API！

从程序中运行ChatGPT

程序：apitest1.py

```
from openai import OpenAI

client = OpenAI(
    api_key = "<OpenAI API 密钥 >"
)

Q1 = "ChatGPT 是什么？ "

response = client.chat.completions.create(
    model = "gpt-3.5-turbo",
    messages = [
        {"role": "user","content": Q1}
    ]
)
print(response.choices[0].message.content)
```

原来是
这样调用的。

引言

第14课

安装 Python 并调用 OpenAI API

通过调用 OpenAI 提供的 API，你可以轻松地将 ChatGPT 嵌入程序中。本节课将介绍设置方法和基本使用步骤。

到目前为止，我都是在浏览器中使用 ChatGPT，但其实也可以在我的 Python 程序中调用 ChatGPT。

Python 程序可以直接和 ChatGPT 对话吗？

没错。通过调用 OpenAI 提供的 API（application programming interface，应用程序接口），你可以在自己的程序、网站或 App 中直接与 ChatGPT 交流。

但是，通过程序与 ChatGPT 交流有什么好处呢？

好处多多。通过程序操作 ChatGPT，你可以实现自动提问，创建自己的对话应用，提供满足用户需求的服务和功能。

听起来很方便！但是使用 API 会不会很难？

不用担心。接下来，我会指导你如何安装 Python 并讲解如何调用 OpenAI API。

在 Windows 上安装 Python

让我们在 Windows 上安装 Python 3 的最新版本。请使用 Microsoft Edge 浏览器访问官方网站。

Python 官方网站的下载页面：

https://www.python.org/downloads/

①下载安装程序

从 Python 官方网站下载安装程序。

访问 Windows 版的下载页面时，会自动显示 Windows 版的安装程序。点击❶“Download Python 3.12.x”下载按钮，就会开始下载。

②运行安装程序

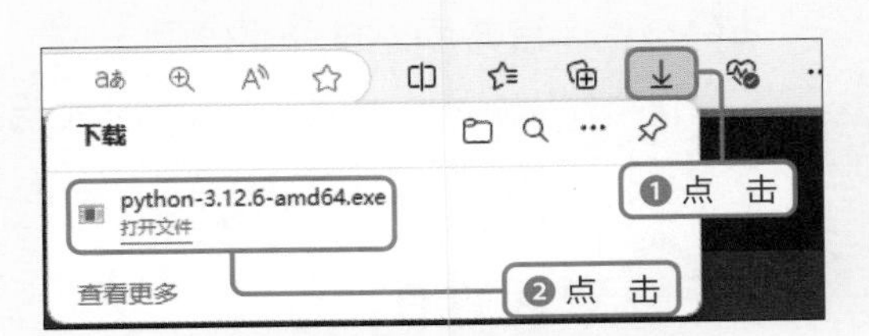

下载完成后，点击 Edge 浏览器右上方的❶“↓”按钮，就会显示安装程序❷“python-3.12.x-xxx.exe”，点击它进行安装。

③检查安装选项

此时出现安装程序的启动画面。勾选 ❶“Add python.exe to PATH”选项，然后点击 ❷“Install Now”按钮进行安装。

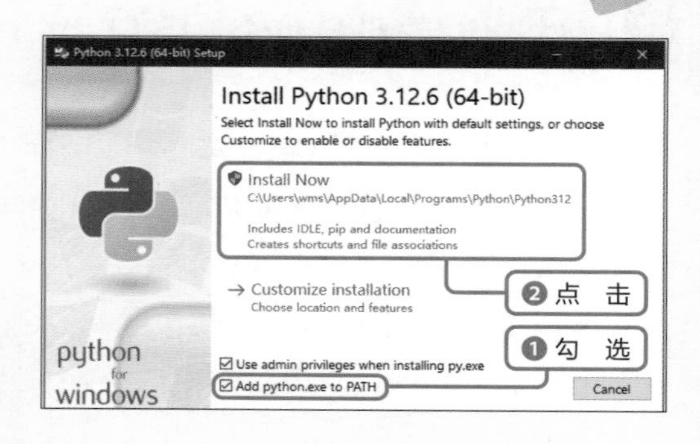

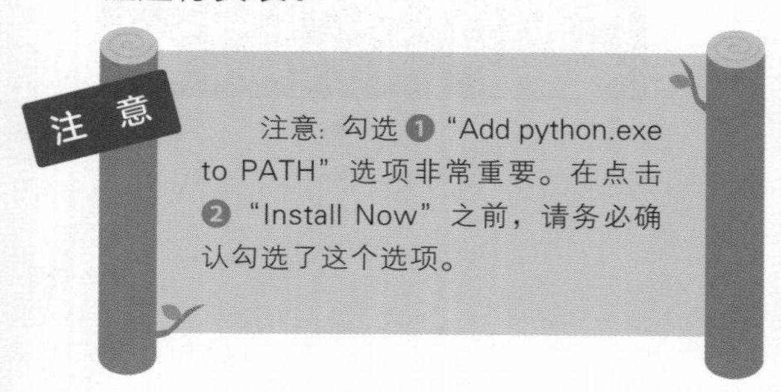

注意：勾选 ❶“Add python.exe to PATH”选项非常重要。在点击 ❷“Install Now”之前，请务必确认勾选了这个选项。

④完成安装

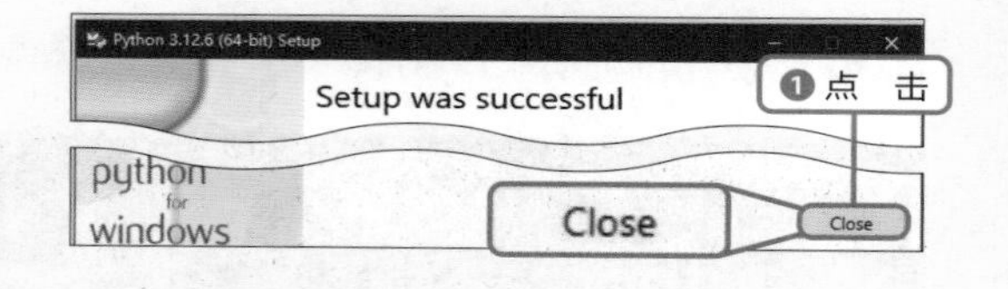

安装完成后，会显示“Setup was successful”（安装成功）。这意味着 Python 安装已完成。点击 ❶“Close”按钮，结束安装程序。

在 macOS 上安装 Python

让我们在 macOS 上安装 Python 3 的最新版本。请通过 Web 浏览器访问官方网站。

Python 官方网站的下载页面：

https://www.python.org/downloads/

①下载安装程序

从 Python 官方网站下载安装程序。

访问 macOS 版的下载页面时，会自动显示 macOS 版的安装程序。点击 ❶“Download Python 3.12.x”按钮。

② 运行安装程序

双击刚刚下载的安装程序以运行它。

如果使用的是 Safari 浏览器，点击 ❶ 下载按钮后，会显示刚才下载的文件。请双击 ❷ “python-3.12.x-macosxx.pkg” 来运行安装程序。

③ 继续进行安装

在“介绍”页面，点击 ❶ “继续”按钮。

在“请先阅读”页面，点击 ❷ “继续”按钮。

在“许可”页面，点击 ❸ “继续”按钮。

这时会弹出同意对话框，点击 ❹ “同意”按钮。

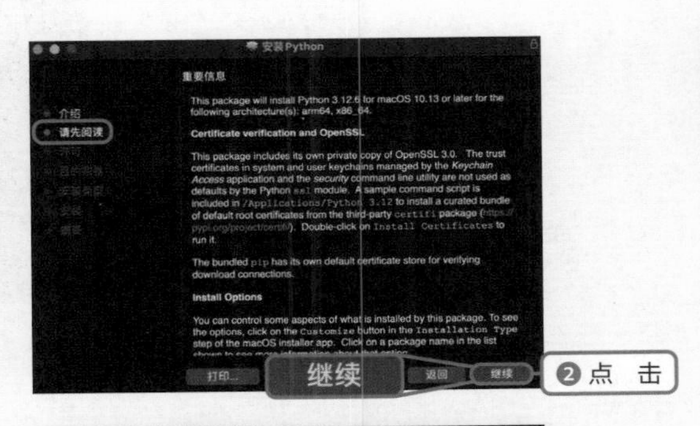

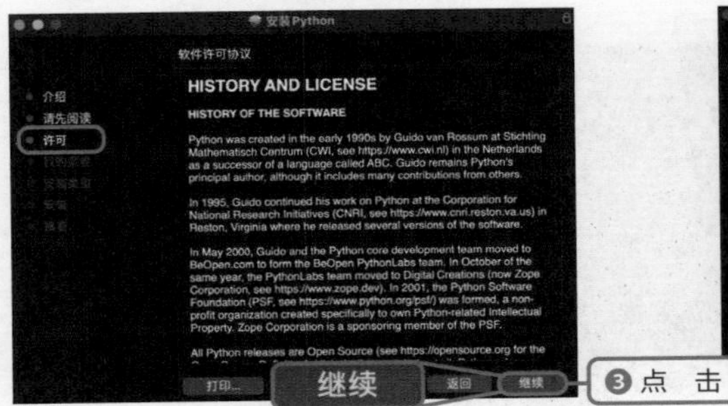

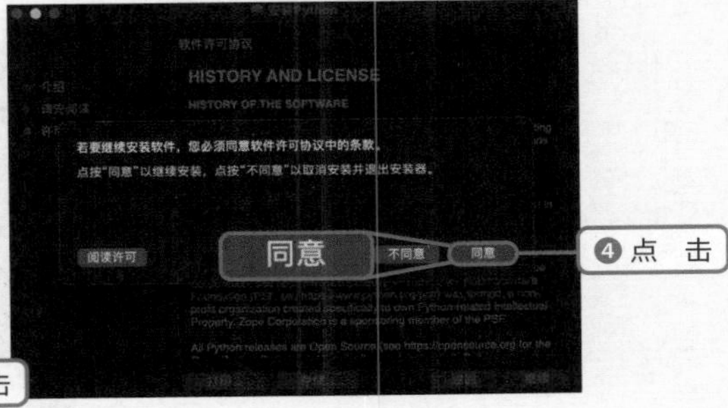

④在 macOS 上安装 Python 的额外步骤

弹出“安装 Python”对话框时，点击❶“安装”按钮。

接下来会弹出“‘安装器’正在尝试安装新软件”对话框，输入❷macOS 用户名和密码，然后点击❸“安装软件”按钮。

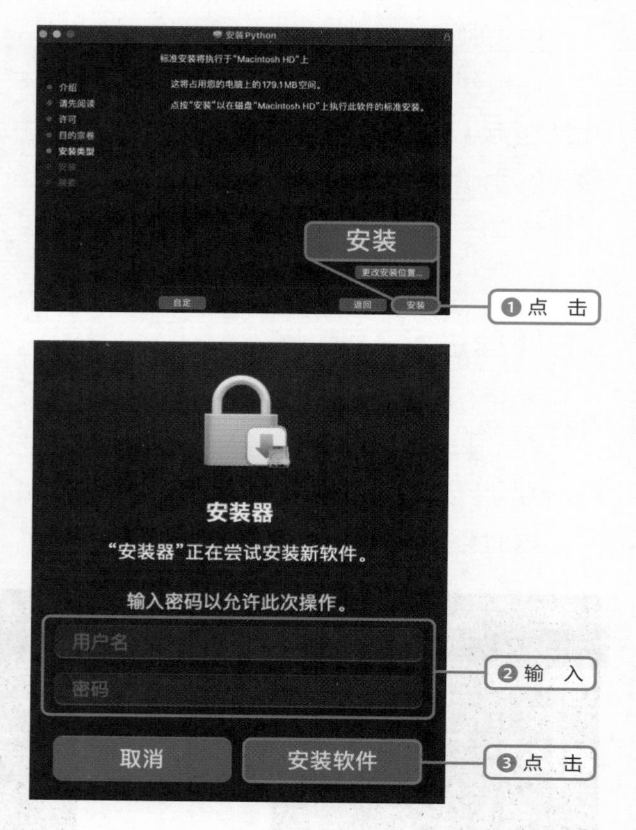

⑤完成安装

稍等片刻，当显示“安装成功”时，说明 Python 的安装已全部完成。点击❶“关闭”按钮，结束安装程序。

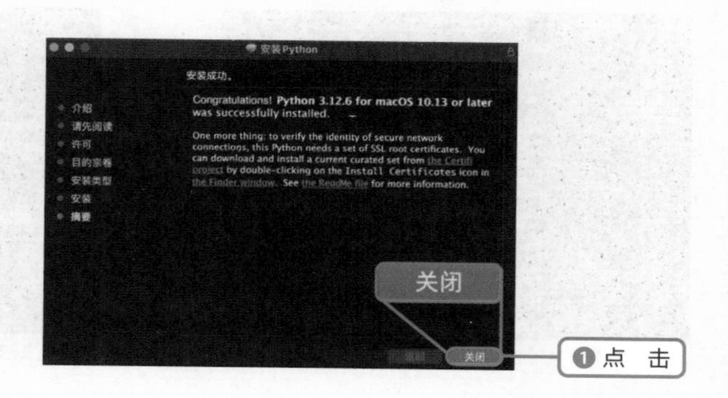

获取 API 密钥

在程序中调用 OpenAI 提供的服务（如 ChatGPT）时，需要通过“API 密钥”来访问。为此，我们要先获取 API 密钥。

就是创建一个打开程序权限的钥匙。

①登录 OpenAI 网站

打开 OpenAI 的官方网站（https://openai.com/），然后点击右上角的❶“Log in”按钮。登录时要输入电子邮箱和密码，请使用预先注册的 ChatGPT 账户信息进行登录。

②打开“API”页面

点击OpenAI欢迎页的❶“API”卡片。在接下来的显示页面中，点击左侧菜单的❷“API keys”。

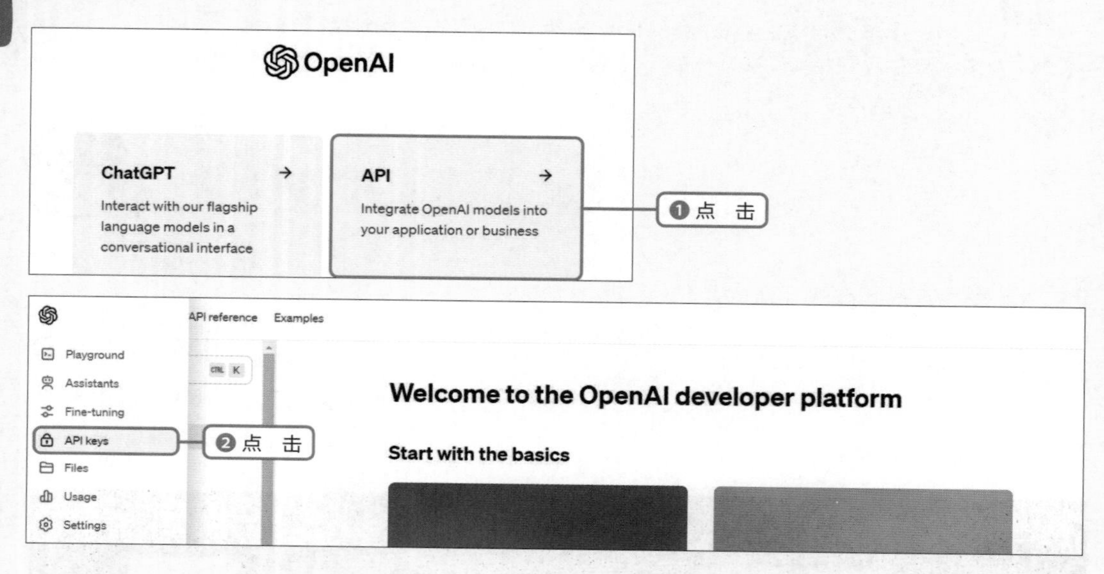

③首次生成API密钥时需要进行电话验证

首次生成API密钥时，需要使用能够接收短信的电话号码（即手机号码）进行电话验证（截至2023年12月）。点击❶“Start verification”按钮，在显示的❷“Verify your phone number”栏输入手机号码。OpenAI会向该手机号码发送“你的OpenAI API认证码”。然后，在❸“Enter code”中输入认证码。如果认证码正确，将成功生成一个API密钥。请注意，一个电话号码最多只能用于3次电话验证。

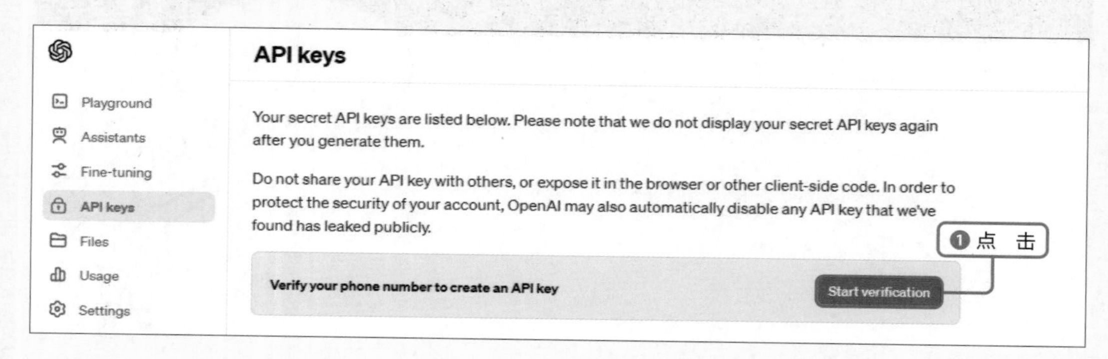

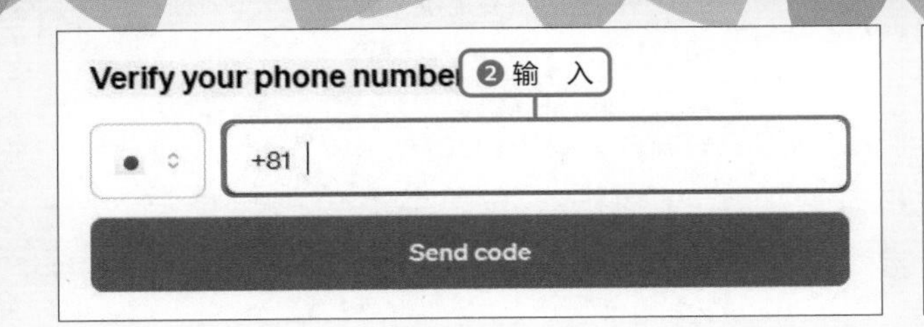

④创建 API 密钥

在“API Keys”页面，点击❶“+Create new secret key”按钮，给密钥命名以区分各自的用途，然后点击❷“Create secret key”按钮。也可以省略密钥命名的环节。

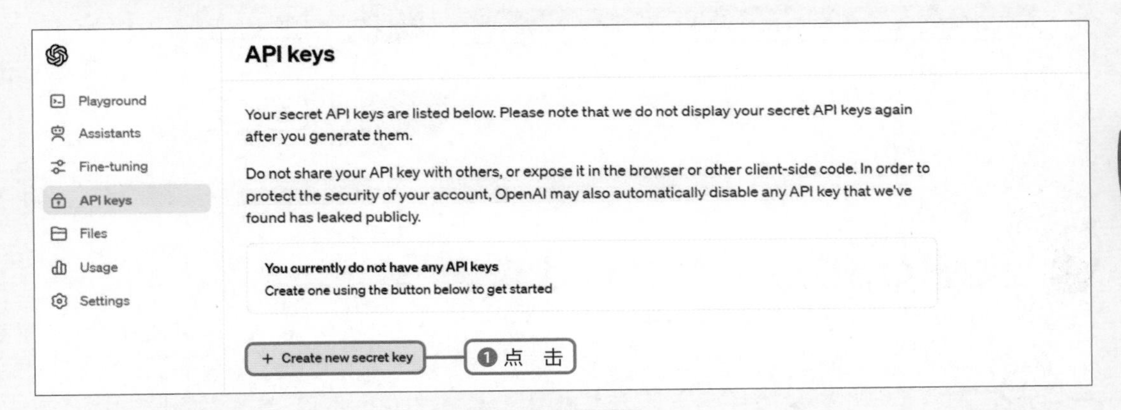

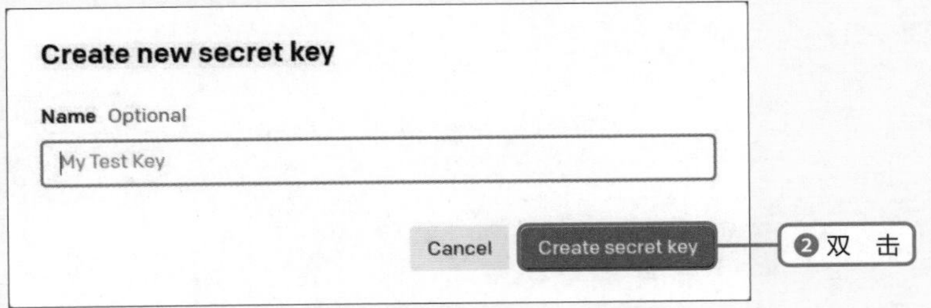

⑤获取 API 密钥

创建 API 密钥后，会显示一个名为“Create new secret key”的对话框。点击右侧的绿色 ❶ 复制按钮，即可复制 API 密钥。接下来，我们将使用这个 API 密钥进行编程。密钥非常重要，请小心保管，避免被他人盗用。复制后点击 ❷“Done”按钮即可关闭对话框。

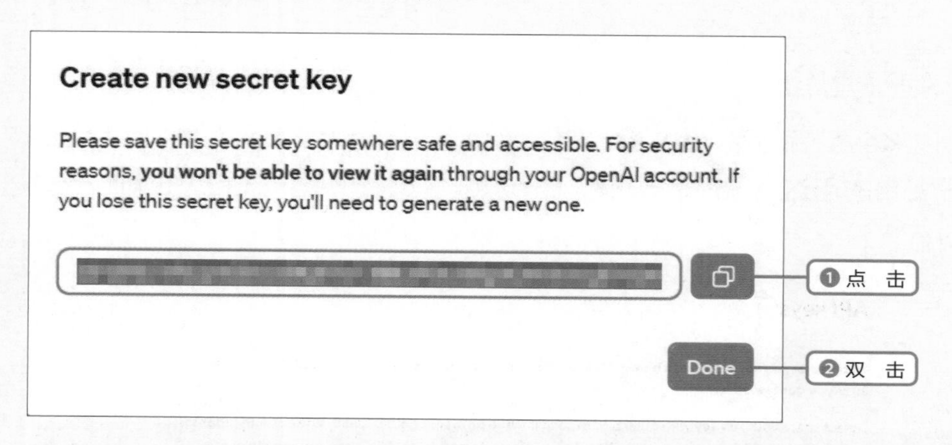
Create new secret key
Please save this secret key somewhere safe and accessible. For security reasons, you won't be able to view it again through your OpenAI account. If you lose this secret key, you'll need to generate a new one.
Done
❶点 击
❷双 击

关于 OpenAI API 的费用

OpenAI 提供了 5 美元免费额度（截至 2023 年 12 月），注册后三个月内都可以使用这笔额度。

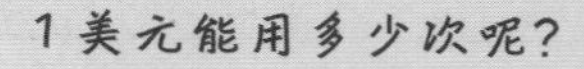

1 美元能用多少次呢?

OpenAI API 使用费是根据发送的文本量，以 Token（令牌）为单位来计算的。费用是 0.002 美元每 1000 个 Token（截至 2023 年 12 月）。一个英语单词大约计为 1 个 Token，但一个汉字通常计为 1 ~ 3 个 Token。可见，用 1 美元可以处理相当多的文本。

原来如此，很划算呢。

设错。但是，在注册3个月之后，或者5美元的免费额度用完之后，就无法再免费试用了。这时，你需要升级为付费计划。OpenAI API 的付费计划不是按月度固定收费，而是预付费。

升级为付费计划的步骤

① 登录 OpenAI 网站

打开 OpenAI 的官方网站（https://openai.com/），点击❶“Log in”按钮进行登录。

第14课

②显示“Billing settings”页面

点击“OpenAI”欢迎页的❶“API”卡片，然后在左侧菜单中点击❷“Setting ”，再从下拉菜单中点击❸“Billing”。

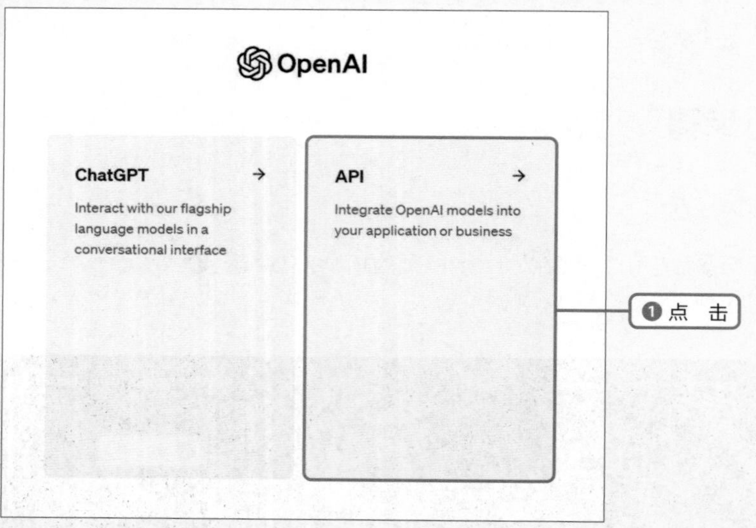

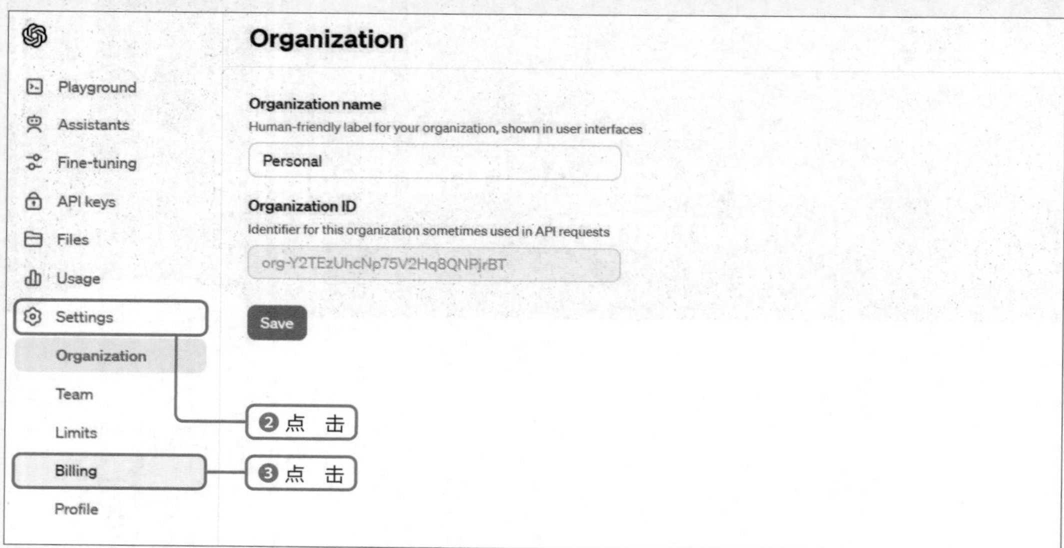

③点击“Add payment details”

点击❶“Add payment details”，添加付款详情。

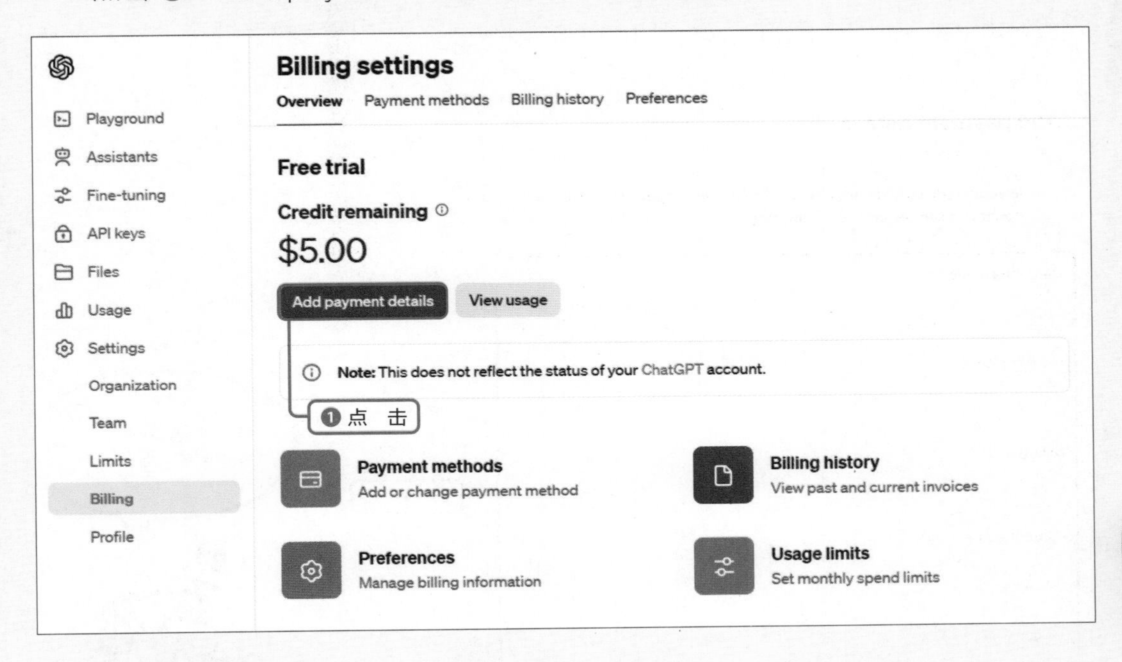

④选择个人或企业用户

当被询问你是“Individual”还是“Company”时，如果是个人，则点击❶“Individual”。

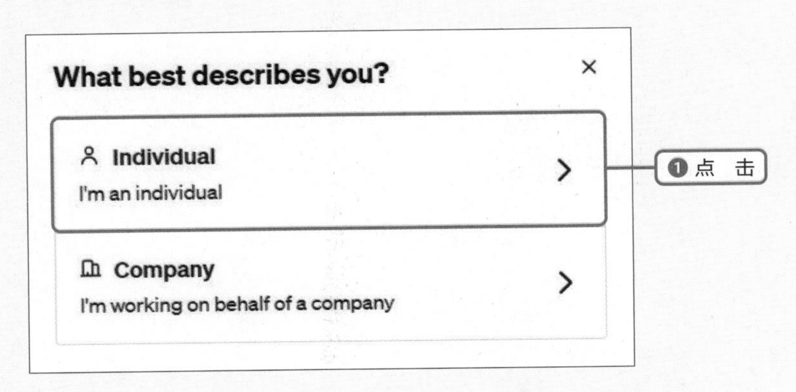

⑤输入信用卡信息

用英语输入❶“卡号”“地址”“邮政编码”等信息，然后点击❷“Continue”按钮，如果显示“Successfully”，则说明完成了绑卡。

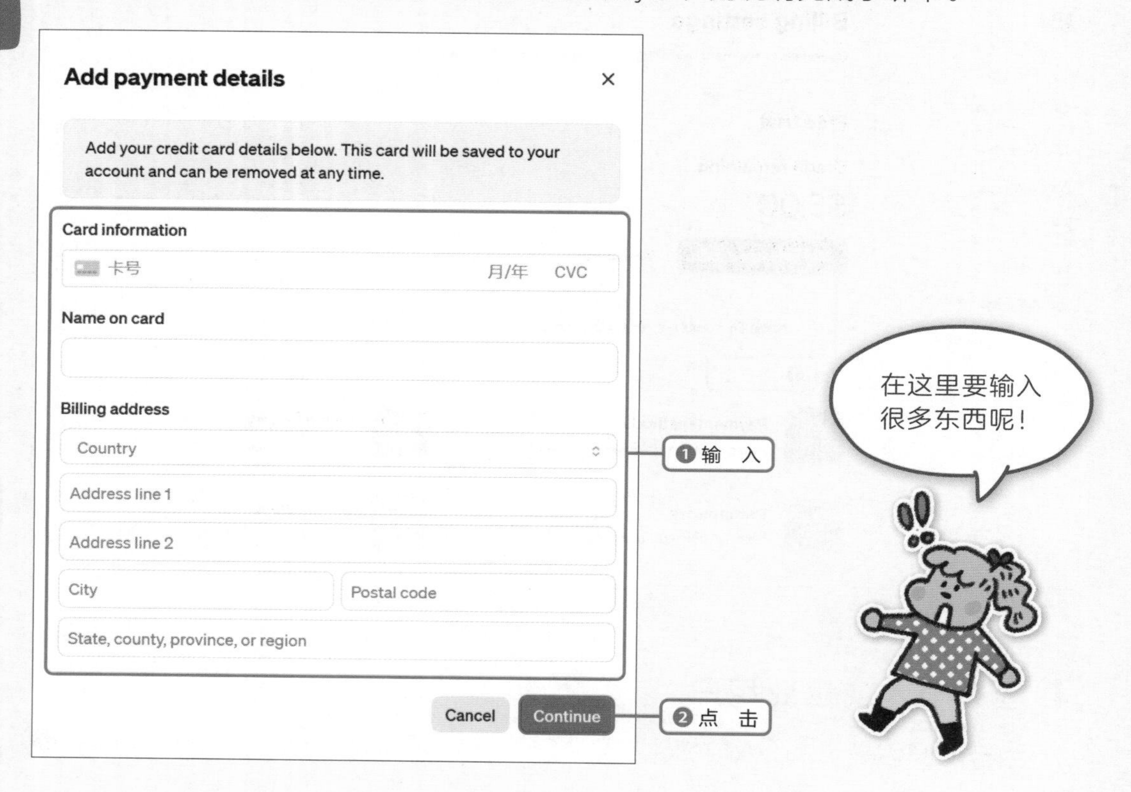

⑥设置初始支付金额

在❶“Initial credit purchase”栏输入5～100美元的支付金额，然后点击❷“Continue”按钮。

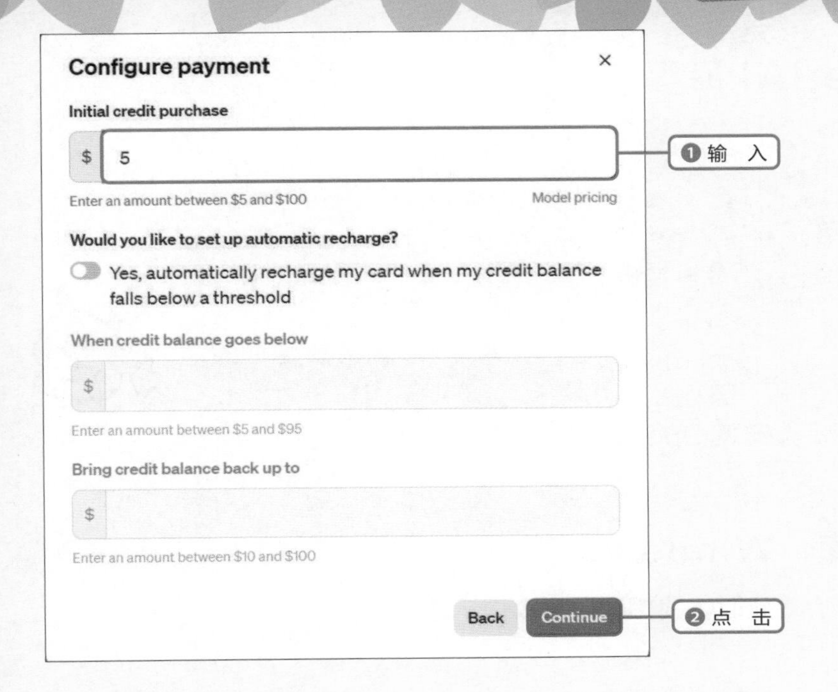

⑦确认支付

确认支付内容，点击❶“Confirm payment”确认支付。如果显示❷“Payment successful!”则表示已成功扣款。

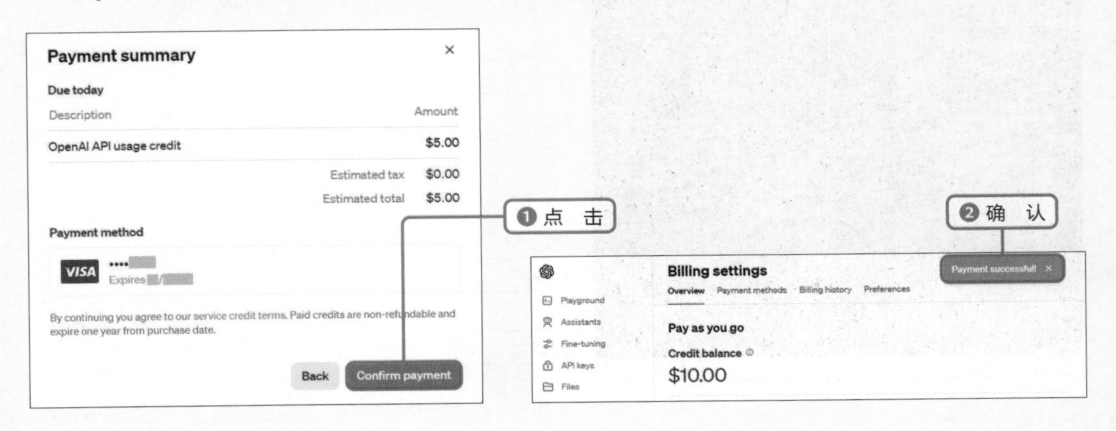

安装 OpenAI 库

一旦获取了 API 密钥，就可以在程序中调用 OpenAI API。它适用于各种编程语言，但 Python 有专门的 OpenAI 库，安装这个库后就可以轻松使用它了。

原来有现成易用的库啊。

让我们按照以下步骤安装 OpenAI 库。

安装OpenAI库：Windows

在 Windows 上安装库时，我们使用命令提示符。

① 启动命令提示符

点击任务栏上的 ❶ "搜索"，然后在 ❷ 搜索框中输入 "cmd"。点击出现的 ❸ "命令提示符"，命令提示符就会启动。

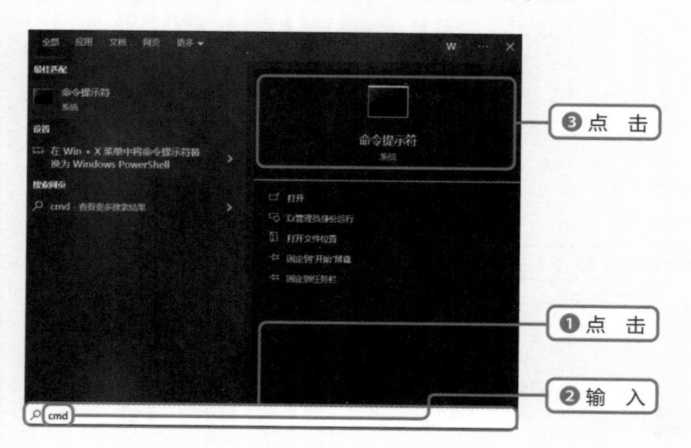

② 安 装

使用 ❶ **pip** 命令进行安装。

格式

```
py -m pip install openai
```

安装OpenAI库：macOS

在 macOS 上安装 OpenAI 库时，我们使用终端。

① 启动终端

在搜索框中输入“terminal”即可显示 ❶“终端”程序，点击启动。

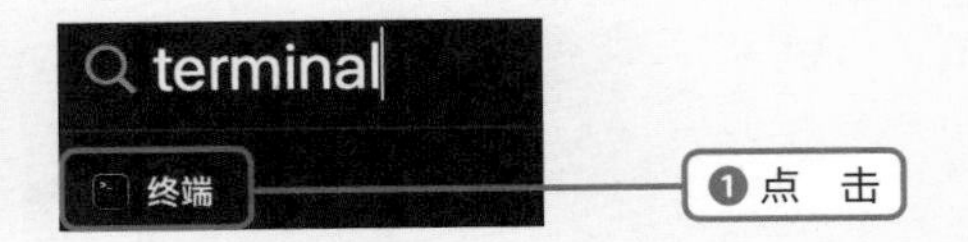

② 安　装

使用 ❶ **pip** 命令进行安装。

格式

```
python3 -m pip install openai
```

第15课 使用 Visual Studio Code

我们来学习 Visual Studio Code 的安装方法和使用方法，利用这款软件工具可以轻松创建许多 Python 程序哦。

利用安装 Python 时附带的 IDLE 编辑器可以编写一些简单的程序。但是，如果你要创建大量的程序文件，那么有必要安装并使用 Visual Studio Code 这类编辑器，这会让工作变得更加容易。

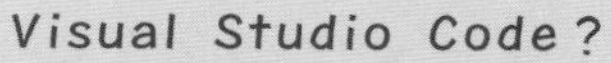

Visual Studio Code？

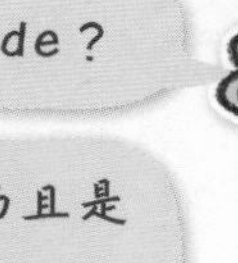

它通常被简称为 VS Code，可以简化文件操作，而且是完全免费的。

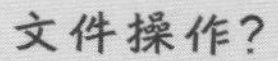

文件操作？

首先，你需要选择一个包含了若干程序文件的文件夹。在 VS Code 中，你不必打开文件夹中的所有文件，只需点击文件名就可以轻松切换。此外，你也可以很便捷地创建新文件。

那很方便呢。

那么，让我们从安装方法开始讲解吧。

在 Windows 上安装

在 Windows 上安装时，请按照以下步骤操作。

①从官方网站下载安装程序

访问 Visual Studio Code 的官方网站 (https://code.visualstudio.com/)，点击 ❶“免费下载→ Windows x64 用户安装程序”进行下载。

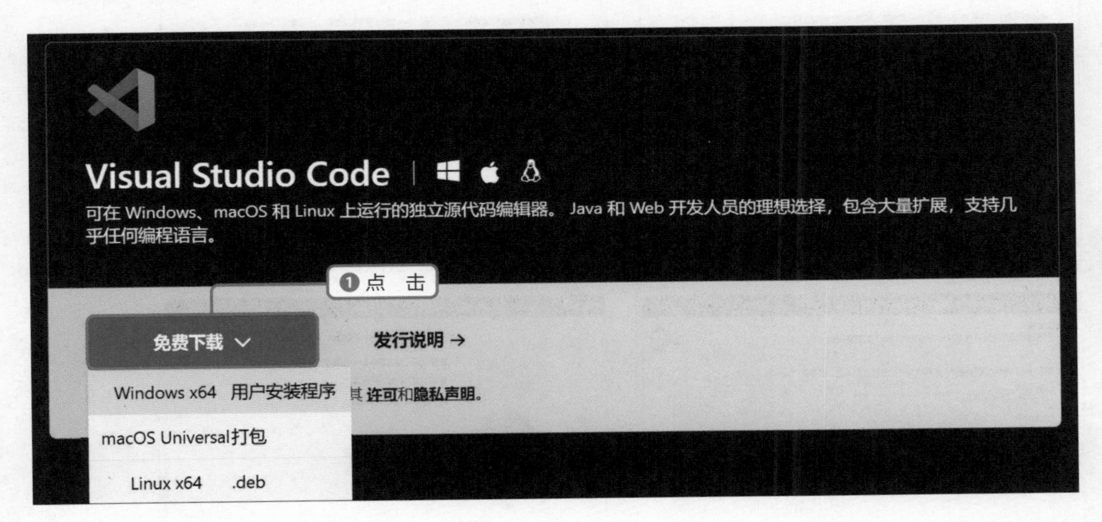

②启动安装程序

点击 ❶ 下载的安装程序以启动。

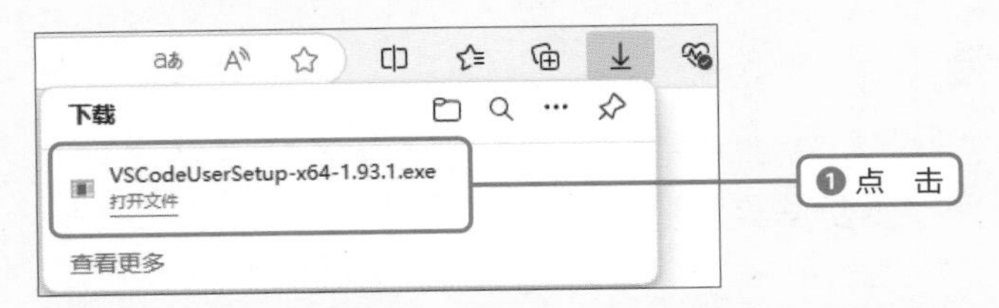

※ 应用程序会经常更新，因此版本号等可能会有所不同。请使用最新版本。

第15课

③运行安装程序

“Microsoft Visual Studio Code（User）Setup”向导打开后，在“许可协议”页面上勾选❶“我同意协议”，然后点击❷“下一步”按钮。在“选择附加任务”页面上，确保❸“添加到PATH（重启后生效）”已被勾选，然后点击❹“下一步”按钮。在“准备安装”页面上点击❺“安装”按钮，待安装完成后点击❻“完成”按钮。

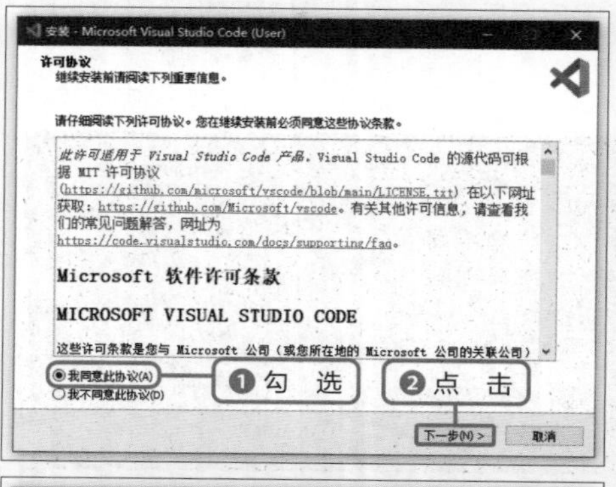

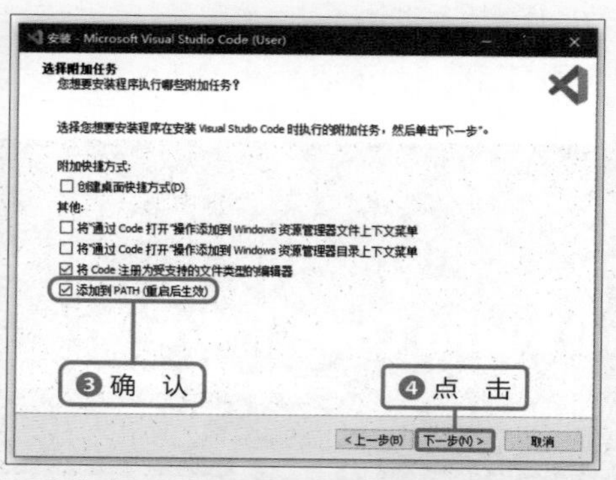

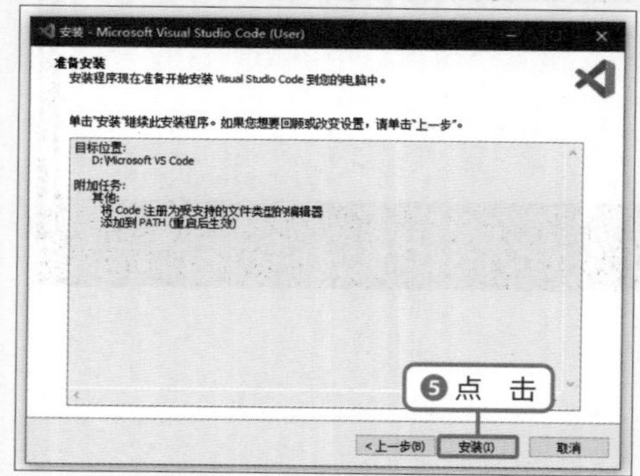

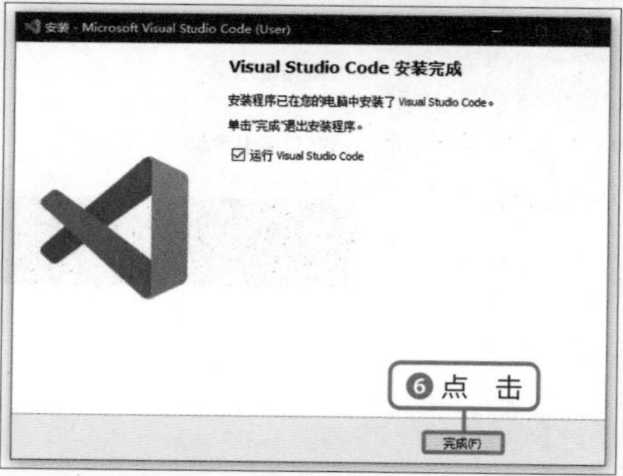

在macOS上安装

在macOS上安装时，请按照以下步骤操作。

①从官方网站下载安装程序

访问Visual Studio Code的官方网站（https://code.visualstudio.com/），点击❶“Download for macOS”按钮进行下载。

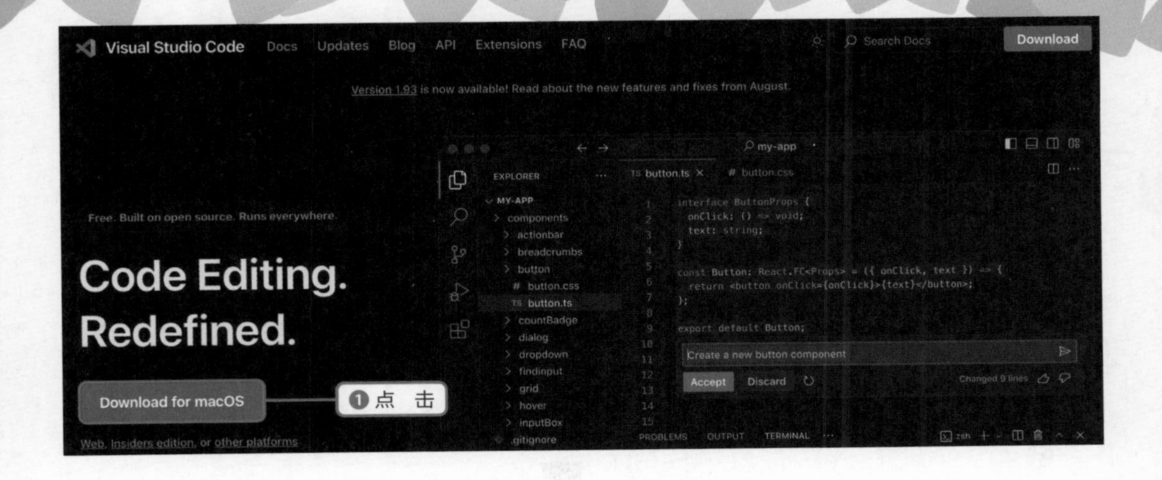

②解压 Visual Studio Code

双击下载的 ❶ Visual Studio Code 安装文件进行解压，然后将 ❷ 释放的文件拖放到应用程序文件夹中使用。

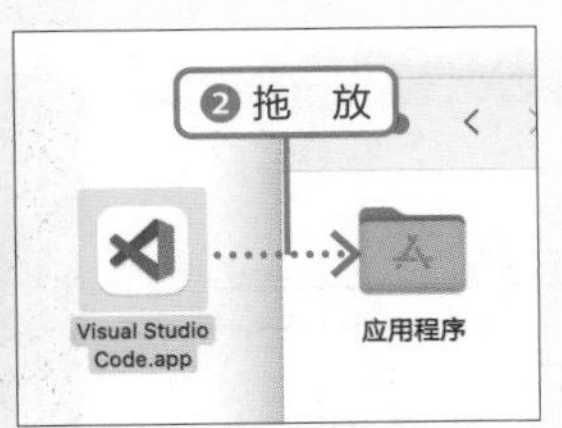

Visual Studio Code 的初始设置

成功安装 Visual Studio Code 后，接下来我们设置 Python 环境。

啊？不能立即使用吗？

VS Code 不仅仅是一个 Python 编辑器，它还支持多种编程语言，包括 JavaScript、Java、C#、Swift、PHP 等编程语言，以及 HTML、CSS、Markdown 等标记语言。所以，使用前要进行设置。

哇，原来它这么万能啊。

但是，如果一上来就让它装载所有功能，它会变成臃肿的“全家桶”，所以最好只选择自己当前需要的功能来安装。

设置颜色主题

启动 VS Code 后，点击页面左侧的 ❶ 设置图标，点击并选择 ❷“Theme”下的 ❸“Color Theme”。在打开的界面中，选择 ❹“Dark（Visual Studio）Visual Studio Dark”。这样就能设置成 ❺ 本书所用的颜色主题。

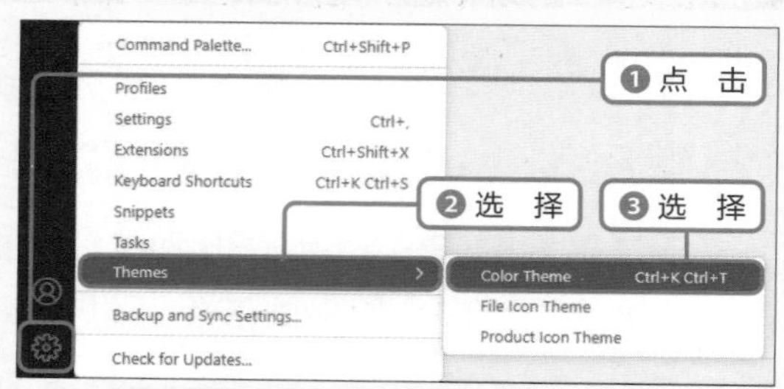

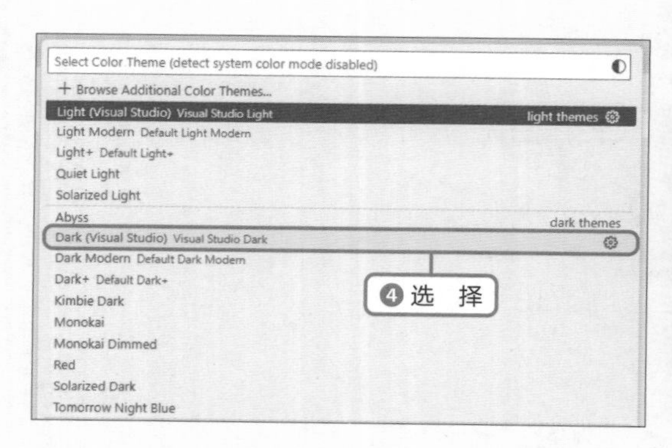

安装Python环境

①打开扩展功能界面

启动 VS Code 后，点击左侧边栏的 ❶ 扩展图标。

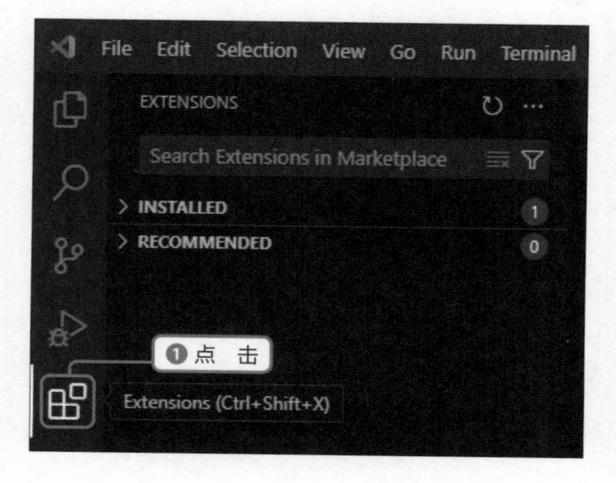

② 安装 Python 扩展功能

在显示的 ❶ 搜索框中输入“Python”，选择由 Microsoft 提供的 ❷Python 扩展功能，然后点击 ❸“Install”按钮进行安装。

※ 这类插件经常会更新，显示的版本号等可能会有所不同。请使用最新版。

③ 安装简体中文环境

在 ❶ 显示的搜索框中输入“Chinese”，并选择 ❷“Chinese（Simplified）（简体中文）Language Pack for Visual Studio Code”，接着点击 ❸“Install”按钮。然后，在弹出的对话框中点击 ❹“Change Language and Restart”，界面就会变成简体中文。

重启 VS Code 后，界面将变成简体中文。如果界面没有变成简体中文，可以通过以下步骤进行设置。

点击❶菜单，选择❷“查看”下的❸“命令面板”，在❹弹出的搜索窗中输入“language”，点击❺显示出来的“配置显示语言”，选择❻“中文（简体）（zh-cn）”，然后重启 VS Code。

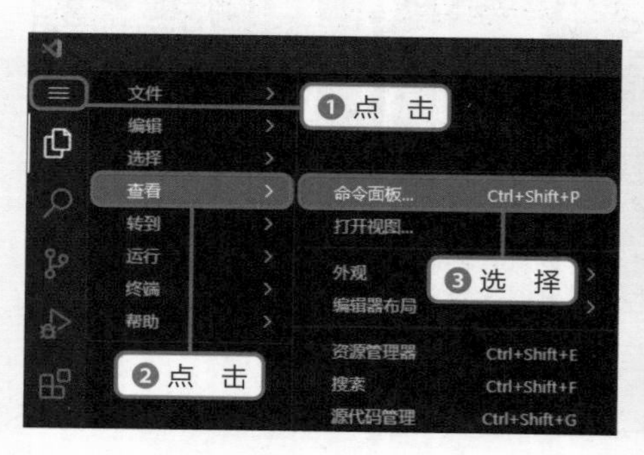

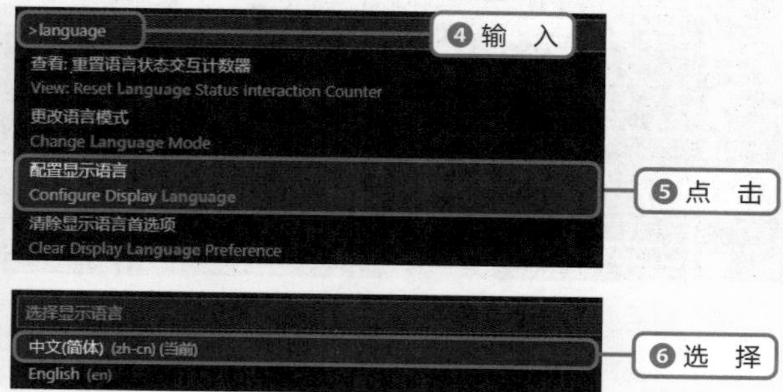

本书将通过侧边的“汉堡”图标（三条横线）来显示菜单，以缩小 VS Code 界面的左右部分。正常显示时，菜单会横向排列。

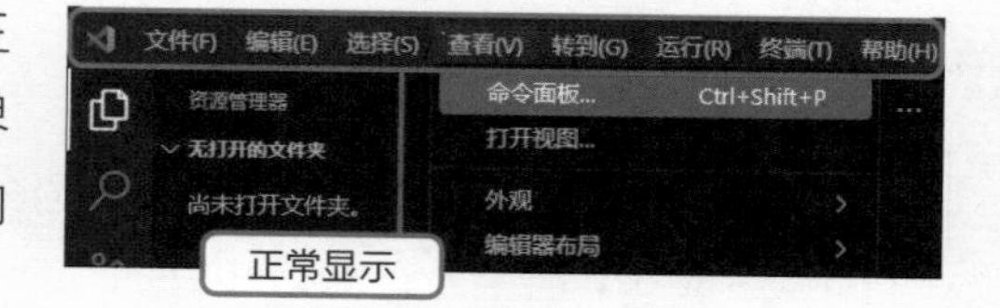

Visual Studio Code 的使用方法

那么，让我们开始使用 VS Code 吧。从创建文件夹开始。

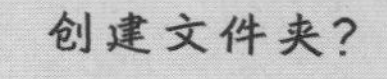

创建文件夹？

这个文件夹用于存放我们即将创建的 Python 文件。创建文件夹后，文件夹内部的文件切换和执行会变得更容易。

① 创建文件夹

在 Windows 系统中，打开资源管理器，导航到你想要工作的位置（如“文档”“桌面”等）。右击❶空白处，从弹出的菜单中选择❷“新建”→❸“文件夹”，新建一个文件夹。然后，将其❹重命名为你想要的名称，如“mypython”。

在 macOS 系统中，打开 Finder（访达），导航到你想要工作的位置（如“文档”“桌面”等）。右击❶空白处（或者双指点击触控板），从弹出的菜单中选择❷“新建文件夹”，新建一个“未命名文件夹”。然后，将其❸重命名为你想要的名称，如“mypython”。

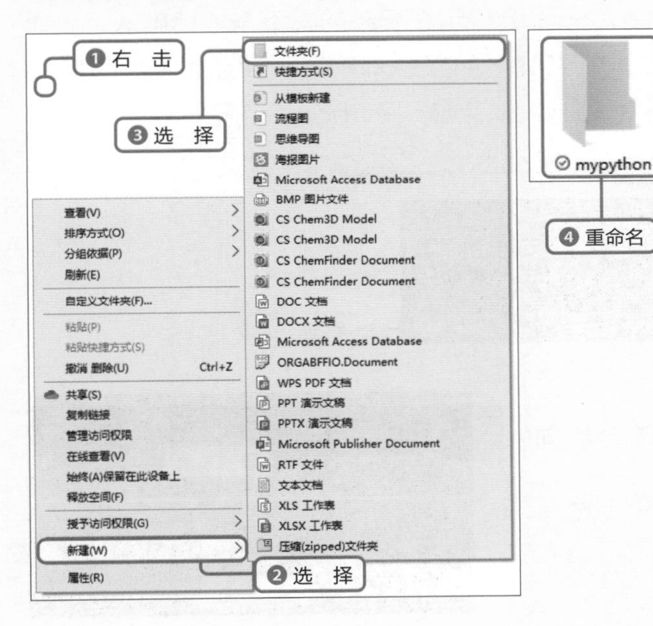

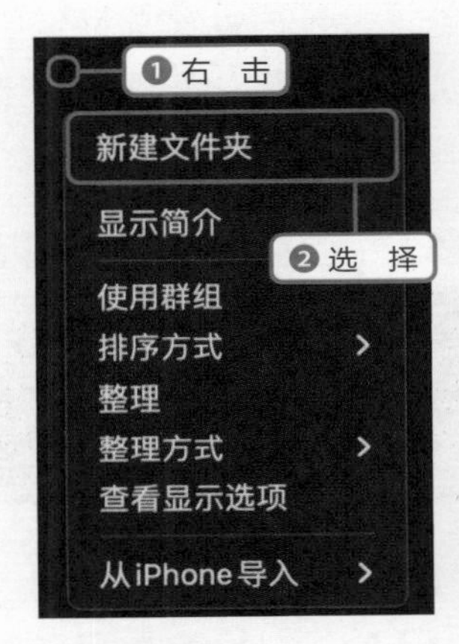

②在 VS Code 中打开“mypython”文件夹

启动 VS Code，然后从❶菜单中选择❷“文件”→❸“打开文件夹”，选

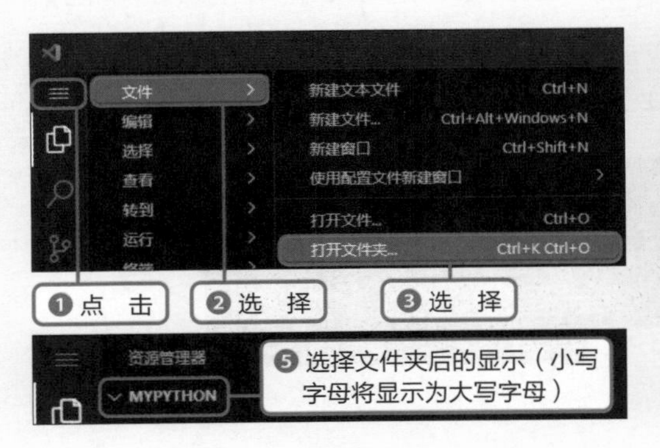

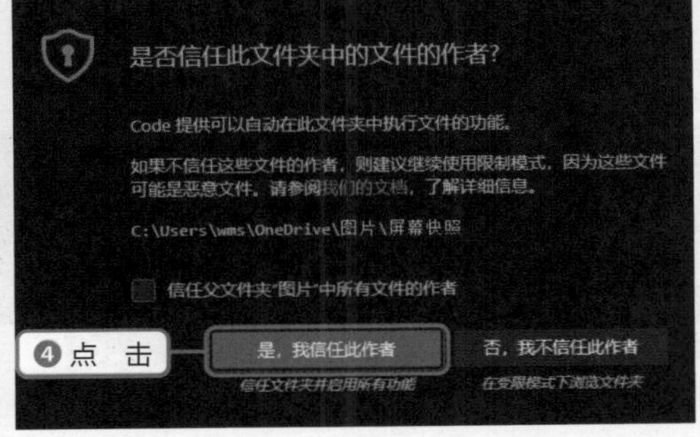

择你之前创建的“mypython”文件夹。此时会弹出一个对话框，询问“是否信任此文件夹中的文件的作者？”点击 ❹“是，我信任创建者”后，❺ 你选择的文件夹将会在 VS Code 中显示出来（文件夹名称可能会以大写字母显示）。

③ 指定 Python 的版本

打开 Python 文件时，Python 的版本会显示在屏幕的右下角。请确认它是否显示为在第 14 课中安装的 Python 3.12.x。如果版本不同，请点击 ❶ Python 版本部分，在屏幕顶部的“选择解释器”中选择 ❷“Python 3.12.x”。

④ 创建新文件

在 VS Code 左侧上方点击 ❶“新建文件”，创建一个新的文件。这时，你会进入文件名输入模式，将文件命名为 ❷“test.py”。

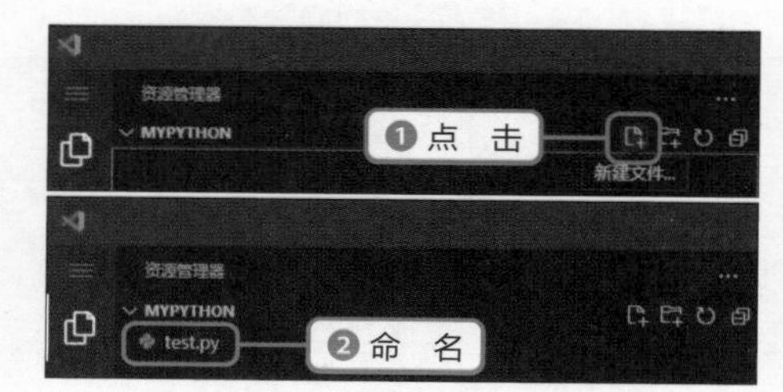

⑤ 输入程序代码

点击 ❶ 文件名，文件将在右侧显示。如果是新文件，内容将是空白的。但如果点击已经编写程序的旧文件，那么该文件中的内容将会显示在右侧。你可以在右侧输入新的代码，如输入 ❷ **`print("Hello")`**。

⑥运行程序

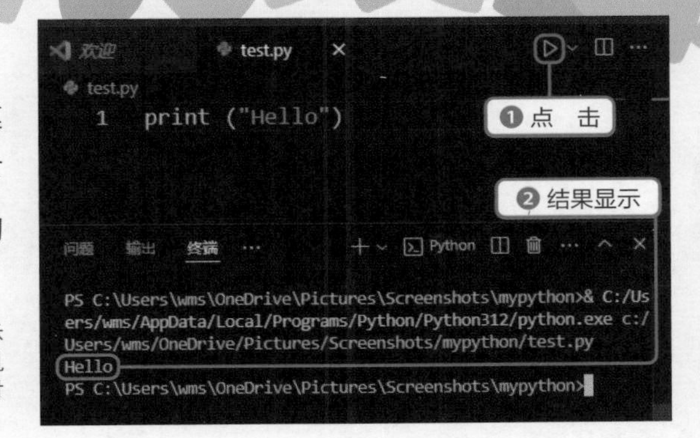

要运行这个程序，只需点击屏幕右上角的❶运行按钮。运行后，下方的终端将显示❷“Hello”这样的消息。

※ 如果终端显示的不仅仅是结果“Hello”，还显示了一长串的各种信息，那通常是显示了“在计算机的哪个文件夹中执行了哪个文件”的程序信息，对此不必担心。

如何更改 Python 版本？

一台计算机中可以同时安装多个不同版本的 Python。如果想使用不同的版本，可以点击❶版本号，这样 VS Code 上方就会显示该计算机中安装的 Python 的版本列表。如果右下角没有显示 Python 版本，请按快捷键 Ctrl+Shift+P（在 macOS 上是 Command+Shift+P）打开命令面板，然后输入“select interpreter”，选择并切换到❷想要使用的版本。

ChatGPT - Genie AI

到目前为止，我们获取了 OpenAI API 密钥并安装了 VS Code，接下来尝试另一个有趣的功能——ChatGPT-Genie AI。

※“Genie”是指神话故事中的怪神，在现代语境中有时也用来比喻某种强大而难以控制的力量或情况。

神灯精灵？就像阿拉丁的魔法灯神一样。

对对对，就是那个神灯精灵。在VS Code中编程时，它就像灯神一样能够实现你的愿望。

真是个会编程的神灯精灵！

它可以帮你构思示例程序，解读已有的程序，添加注释，甚至进行优化。

这听起来真的很棒。

它是与ChatGPT相结合的。换言之，是ChatGPT在背后施展这种魔法。

我真的很想知道如何使用它。

①安装 Genie AI 扩展功能

点击VS Code左侧边栏的❶“扩展”图标，在上方的❷搜索框中输入“ChatGPT Genie”，然后选择❸“ChatGPT Genie AI”扩展功能，接着点击❹“安装”按钮。

② 打开 Genie AI

点击 VS Code 左侧边栏中出现的 ❶ “神灯”图标，就可以开始使用它了。例如，在下面的 ❷ 聊天框中输入“计算 1 至 10 的总和”试试。

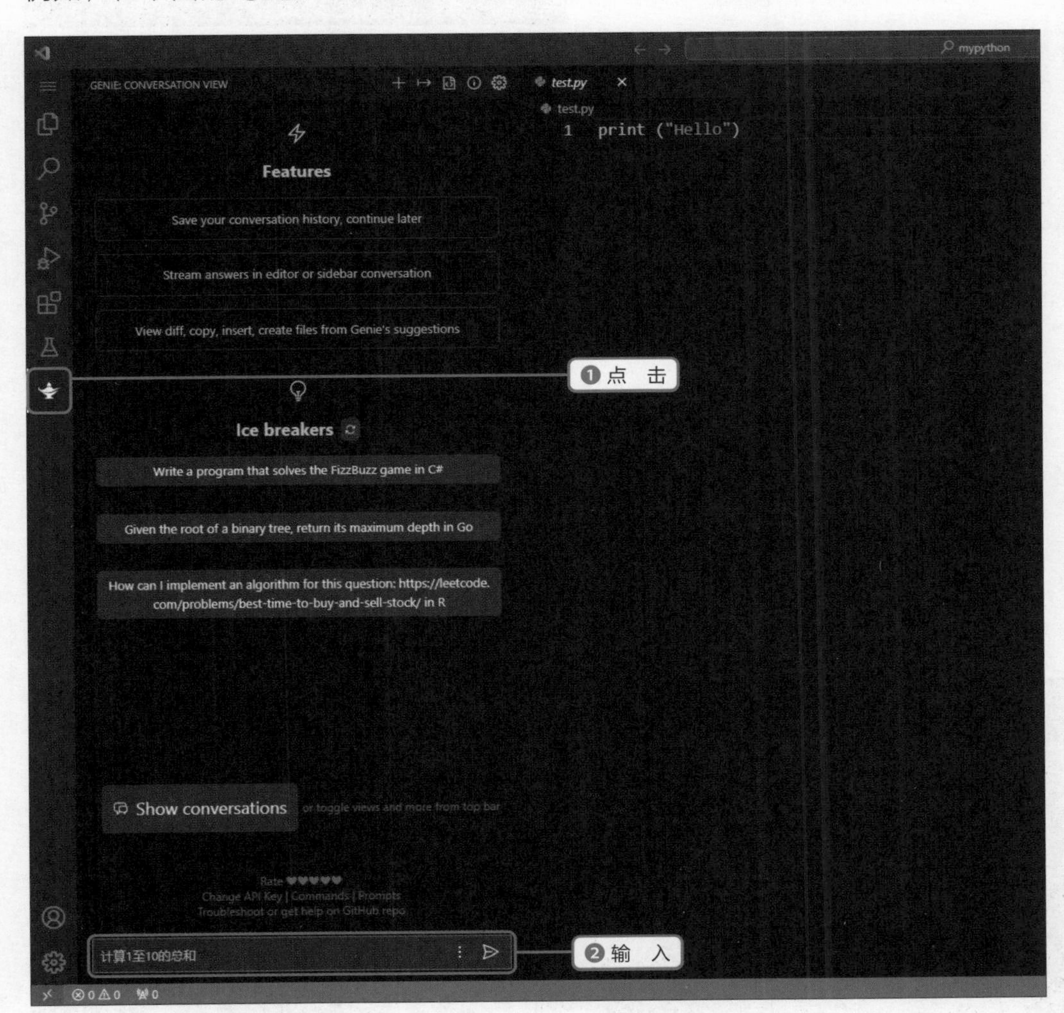

③ 设置 OpenAI API 密钥

首次使用时，系统会要求你输入 API 密钥。这里，输入在第 14 课中获取的 ❶OpenAI API 密钥进行注册。之后，就可以在 VS Code 的 Genie 拓展功能中使用 ChatGPT 了。这次，将会自动生成一个 ❷Python 示例程序。

如果想要重新设置API密钥，如不小心输错了，可以按照以下步骤操作。从菜单中选择“视图 → 命令面板”，在命令面板中选择“Genie: Clear API Key”来清除现有的API密钥。然后，选择Python程序中的一行代码，右击并从弹出的菜单中选择“Genie → Genie: Find bugs”。这时，系统会再次要求你输入API密钥，请在弹出的对话框中输入正确的API密钥。

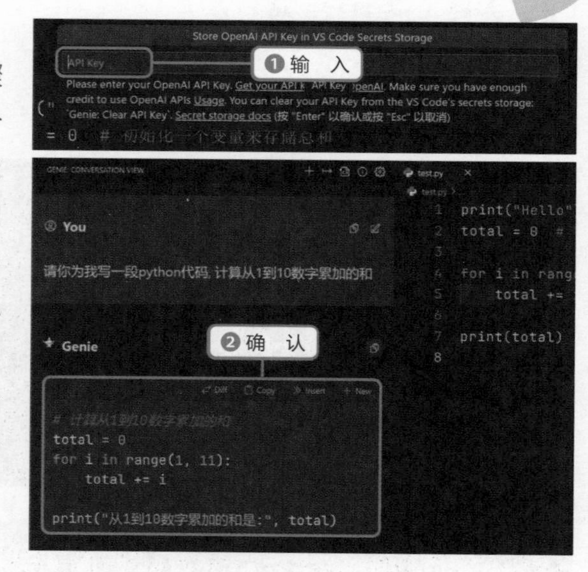

④输入程序代码

我们尝试采纳这个程序。选择刚才的“test.py”，然后点击❶“神灯”图标，这样它将在界面中部显示。在这个状态下，点击“Genie AI”生成程序上方的❷“>> Insert”按钮，那段程序就会被添加到test.py中，并且可以被运行。

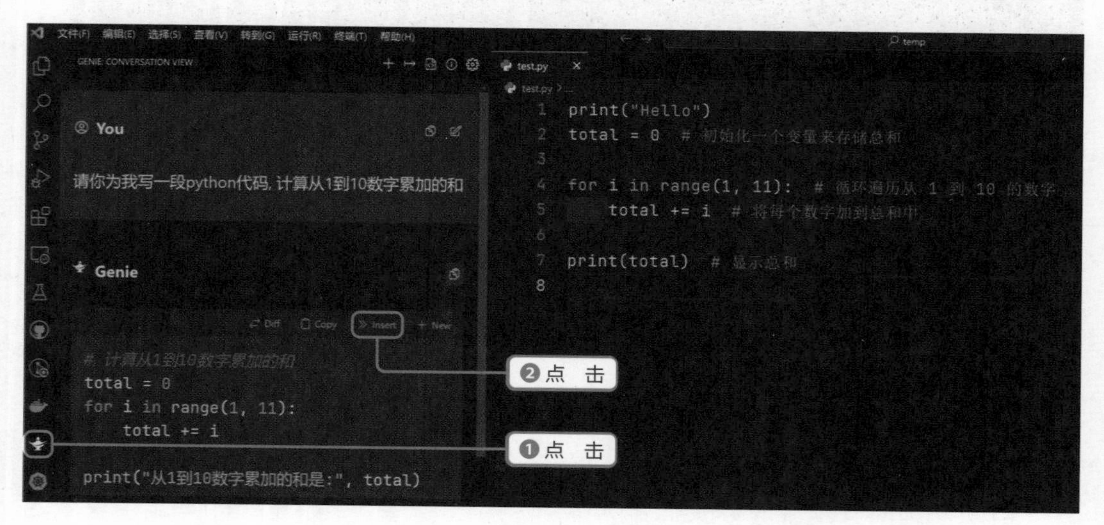

⑤使用 ChatGPT 进行各种操作

我们尝试使用 Genie 来改进这个程序。先选择❶目标程序，然后右击❷显示 Genie 的功能菜单，选择❸“Genie → Optimize”进行优化。

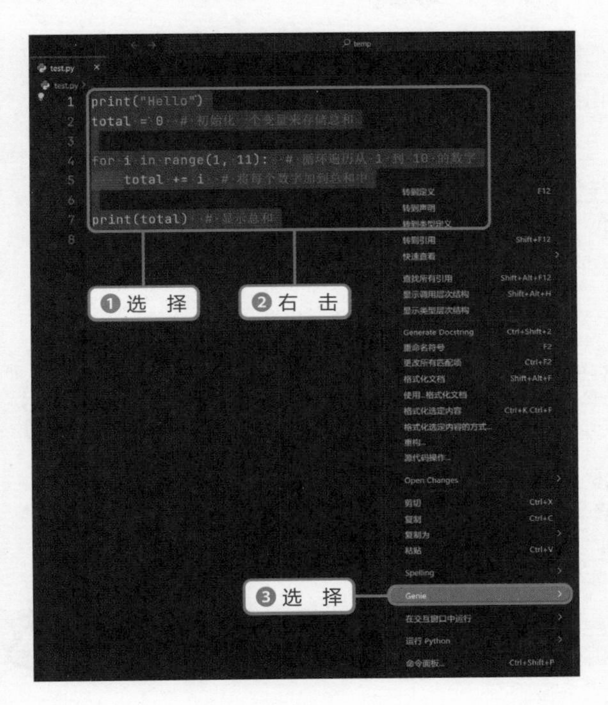

Genie 会考虑如果对这个程序进行优化，它应该变成什么样子，并显示出来。这次，程序被优化成了两行。接着，点击❹“>>Insert”按钮，选中的部分将被替换为优化后的程序。

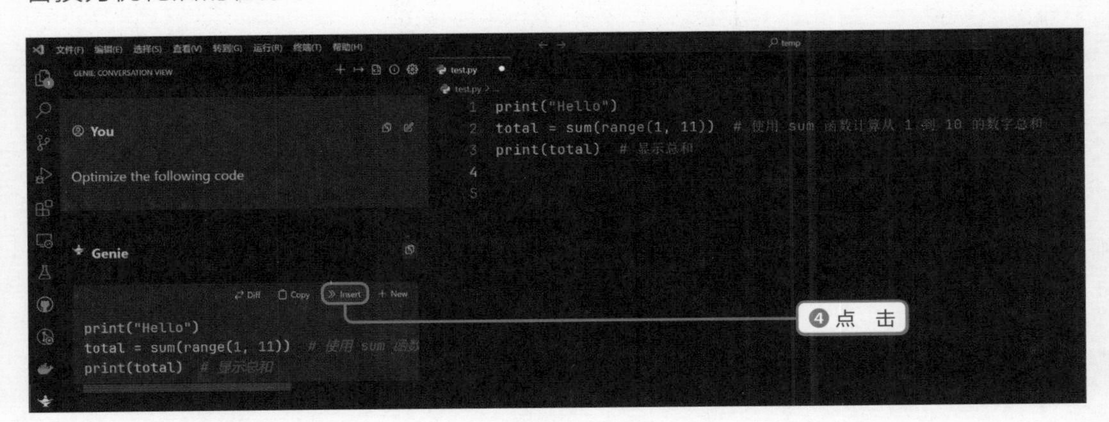

它还有许多其他功能。

菜　单	功　能
Genie → Add Tests	创建程序的测试程序
Genie → Find bugs	找出程序中的错误
Genie → Optimize	优化程序
Genie → Explain	解释程序
Genie → Add Comments	给程序添加注释
Genie → Complete code	完成未完成的程序
Genie → Ad-hoc prompt	使用自己设定的提示

真的像神灯精灵一样了不起呢。

神灯里的精灵只能满足三个愿望，但这个编程界的神灯精灵可以无数次地满足我的愿望。只是免费额度一旦用完，就得升级为付费计划了。

魔法世界也实行收费制啊。

第16课

从程序中运行 ChatGPT

我们具体来看看如何从 Python 程序中运行 ChatGPT。代码可以写得很简洁！

安装 OpenAI 库之后，让我们用 Python 来创建并运行一个程序。

太棒了。

导入 OpenAI 库，并在 api_key 中输入之前获取的 API 密钥。然后，使用 client.chat.completions.create 命令来提问。这时，需要指定使用哪个模型。例如，如果要使用 ChatGPT 3.5，则指定 model="gpt-3.5-turbo"。

是 Turbo 版本，看起来很快。

然后，将输入的提示词指定为“messages=”。其格式如下。

格式

```
from openai import OpenAI

client = OpenAI(
    openai.api_key = "<OpenAI API 密钥 >"
)
```

```
<回答> = client.chat.completions.create(
    model = "<模型版本>",
    messages = [<提示词>]
)
```

虽然称之为程序，但它很短。

这是因为现成的库帮我们处理了很多事情。让我们用这个模板试着写一个测试程序。向ChatGPT提问"ChatGPT是什么？"随后它会显示回答。

我们要做的就是创建一个提出问题并给出回答的程序。

没错，就是下面的程序了。输入并运行它，记得将"<OpenAI API密钥>"这一处替换成你自己的API密钥哦。

程序：apitest1.py

```
from openai import OpenAI

client = OpenAI(
    api_key = "<OpenAI API 密钥>"
)

Q1 = "ChatGPT 是什么？"

response = client.chat.completions.create(
    model = "gpt-3.5-turbo",
    messages = [
        {"role": "user","content": Q1}
    ]
)
print(response.choices[0].message.content)
```

输出结果

> **ChatGPT** 是一个人工智能语言模型，由 **OpenAI** 开发。它使用海量的数据集训练而成，能够基于与用户的对话生成回答和响应……（略）

哇，程序代替我来说话了！

但是，答案显示出来之前似乎花了一点时间吧。

是的。执行后停顿了一会儿，然后一下子显示出来了。但使用网页版的时候，ChatGPT 会一点一点地输出内容。

所以，我们来试着修改这个程序，让它一点一点地显示。添加一个 stream=True 选项，使用“for chunk in stream:”来修改，让它能够一点一点地显示 ChatGPT 的回答。为了让回答的结尾处更易辨认，在最后显示“【结束】”。

程序：apitest2.py

（以上省略）

```
stream = client.chat.completions.create(
    model = "gpt-3.5-turbo",
    messages = [
        {"role": "user","content": Q1}
    ],
    stream=True
)
for chunk in stream:
    content = chunk.choices[0].delta.content or ""
    print(content, end="")
print("\n【结束】")
```

输出结果

> **ChatGPT**是由**OpenAI**开发的自然语言处理模型。**GPT**是“**Generative Pretrained Transformer**”的缩写，它使用深度学习技术中的**Transformer**，通过学习大量文本数据训练而成……（略）【结束】

回答变快了！就像之前使用网页版ChatGPT一样，可以一点一点地告诉我。这种边思考边说话的感觉真好。

程序的基本使用方法，差不多就讲到这里了。接下来只需要考虑如何制作提示词。

原以为ChatGPT的调用程序会很复杂，没想到这么简单。剩下的主要工作就是提示词工程了。

而且可以将上述代码嵌入到任意程序中，高效地编写和调用。你应该注意到了代码中出现的“"role": "user", "content":”吧，那个user就是来自用户的输入。

这里是在表明提问者是用户user，对吧？

除了user，还可以赋值为以下内容。比如，使用system就可以给ChatGPT指明新的角色。

啊，赋不同的值，就像角色扮演一样！

是这么回事。比起在交流过程中临时赋予角色，此法可以下达更明确的指示。

指定对象	含　义
user	用户在此处写下问题或提示词
system	为模型指定一个角色
assistant	生成模型对用户输入的回应

让我们使用 system 来尝试角色扮演。我会给出一个指示："你是一位优秀的程序员。"试着按照这个指示来修改并执行上述程序（apitest2.py）的前半部分。

程序：apitest3.py

```
from openai import OpenAI

client = OpenAI(
    api_key = "<OpenAI API 密钥>"
)

role = "你是一位出色的程序员。"
Q1 = "你喜欢什么？"

stream = client.chat.completions.create(
    model = "gpt-3.5-turbo",
    messages = [
        {"role": "system", "content": role},
        {"role": "user", "content": Q1}
    ],
    stream=True
)
（以下省略）
```

输出结果

我非常喜欢编程，学习新技术和语言，以及通过编程来解决问题，这些都让我充满成就感。此外，我也很喜欢通过编程来实现创造性的想法。【结束】

开启角色扮演后，再被问到"你喜欢什么？"时，它给出的回答就很有程序员的风格了。

另外，你可以使用 assistant 在 ChatGPT 中输入对话。通过交替编写 user（用户的问题）和 assistant（ChatGPT 的回答），可以进行对话输入。

输入对话是为了做什么呢?

在一连串的对话铺垫之后，提出最终问题，可以清晰展示逐步抛出问题的思考过程，从而实现信息的深入挖掘。

我记得之前的课上讲过类似内容?

CoT，思维链提示。在程序中指定不同对象就可以做到这一点。让我们尝试修改上述程序的第7行，然后试着运行它。

程序：apitest4.py

```
（以上省略）
role = "你是一位出色的程序员。"
Q1 = "请告诉我一些在 Python 中进行数据分析的技巧。"
A1 = "有效利用 pandas 和 NumPy 会很有帮助。"
Q2 = "当数据中存在缺失值时，应该如何处理？"

stream = client.chat.completions.create(
    model = "gpt-3.5-turbo",
    messages = [
            {"role": "system", "content": role},
            {"role": "user", "content": Q1},
            {"role": "assistant", "content": A1},
            {"role": "user", "content": Q2},
    ],
    stream=True
)
（以下省略）
```

输出结果

处理数据中的缺失值，有几种方法。
1. 删除包含缺失值的行或列：可以使用 **dropna()** 方法删除包含缺失值的行或列。
2. 用特定值替换缺失值：可以使用 **fillna()** 方法将缺失值替换为特定值（如 0 或平均值等）。
……（略）【结束】

你甚至可以编写对话程序。

第5章 用 Python 编写一个 ChatGPT 翻译程序

哇哦！好激动！
在用 Python 编写的应用程序中
植入 ChatGPT 了哦！

元气满满，
开始做项目咯。
唔噢噢噢

为了上手容易些，
我们先做一个
翻译软件吧。
翻译软件？

翻译是ChatGPT
擅长的事，我们可以
用GUI制作一个简便的
问答界面。

真棒！我可以和讲英语、
法语、德语等的外国友人
进行对话了。
Hello!
Bon jour!
嗯嗯。
朋友圈
一下子就扩大啦。

此外，我还可以把
这个翻译软件改造成一个
自动编程软件。
啊，这个应用场景
更加令人期待了！

遵命，博士！
好！
让我们开工吧！

引 言

创建应用程序模板

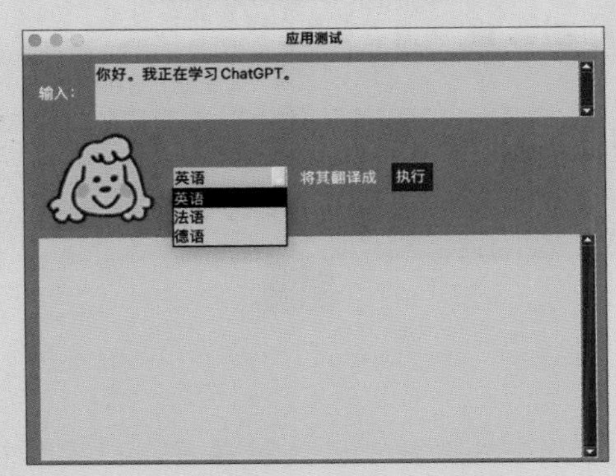

创建具体的应用程序

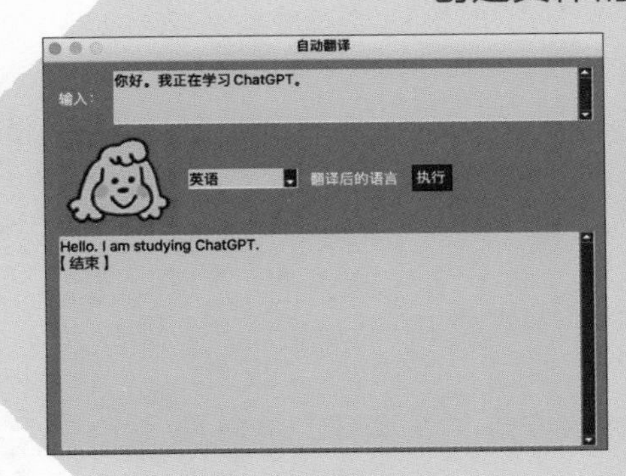

自动翻译程序

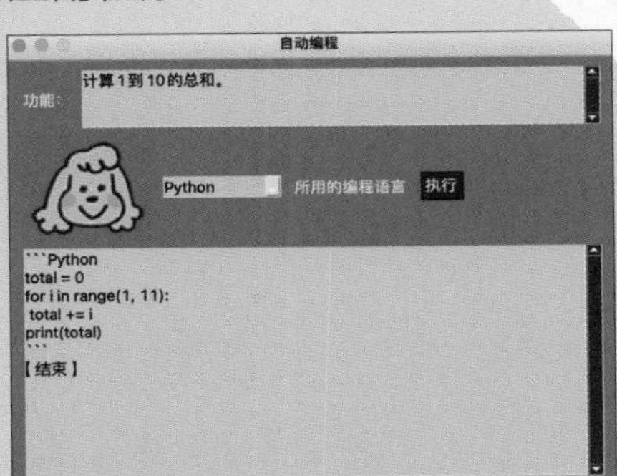

自动编程程序

应用程序模板：PySimpleGUI

借助 PySimpleGUI 可以轻松创建应用程序，我们用它制作一个简单的应用程序模板吧。

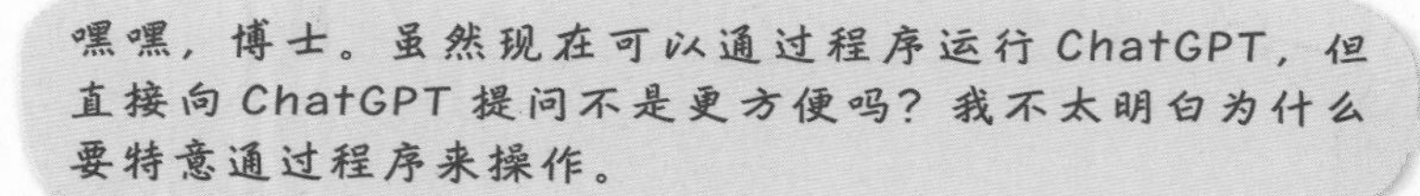

嘿嘿，博士。虽然现在可以通过程序运行 ChatGPT，但直接向 ChatGPT 提问不是更方便吗？我不太明白为什么要特意通过程序来操作。

上一章只是测试一下能否在程序中运行 ChatGPT。只要在程序中，它就能与其他功能结合，发挥更大的作用。

和其他功能结合？

比如，可以嵌入到桌面应用程序或 Web 应用程序中，自动回答用户的提问，创建能够与用户自然对话的交互界面。此外，它还可以与数据库结合，提供特殊信息给用户。

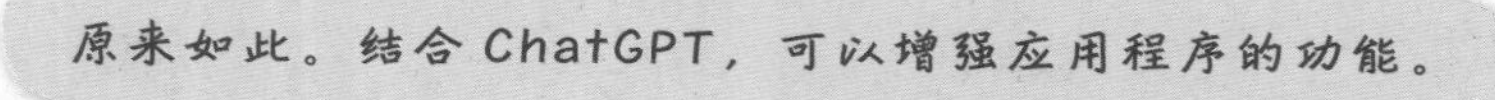

原来如此。结合 ChatGPT，可以增强应用程序的功能。

如此一来，只要想尝试开发各种类型的应用程序，都能快速实现，并能够即时体验其真实效果。

接下来要开发各种各样的应用程序了吗？好期待。

安装 PySimpleGUI 库

用 Python 开发应用程序之前，我们要先做好准备工作。PySimpleGUI 库能够让编程更加简单，如果你还没有安装，请现在安装它。

让我们按照以下步骤安装 PySimpleGUI 库。

安装PySimpleGUI库：Windows系统

在 Windows 上安装库时，我们使用命令提示符。

①启动命令提示符

单击任务栏上的 ❶ 搜索按钮，在 ❷ 搜索框中输入“cmd”。然后，点击出现的 ❸“命令提示符”，即可启动命令提示符。

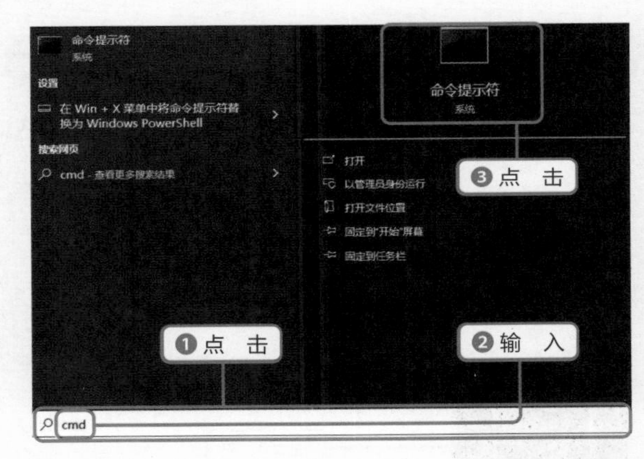

注意

截至 2024 年 3 月 4 日，PySimpleGUI 更新到了第 5 版，库的政策也发生了变化。

虽然你也可以安装 PySimpleGUI 5，但本书将介绍不需要许可证密钥的 PySimpleGUI 4 的安装方法。

如果你坚持要使用 PySimpleGUI 5，请阅读以下说明。

安装 PySimpleGUI 5 之后，有 30 天的试用权限。如果没有“许可证密钥”，30 天后将无法使用。点击程序运行时显示的“TRIAL PERIOD”文字，即可打开用户注册页面。如果出于个人爱好，也可以选择“Hobbyist”这一免费通道（请妥善保管许可证密钥，不要共享或在网上公开）。

获取的许可证密钥可在以下程序中设置。

```
import PySimpleGUI as sg
sg.home()
```

运行后显示主页对话框，点击 ❶“License Key”标签，在 ❷ 输入框中粘贴许可证密钥，然后点击 ❸“Install”按钮即可完成设置。

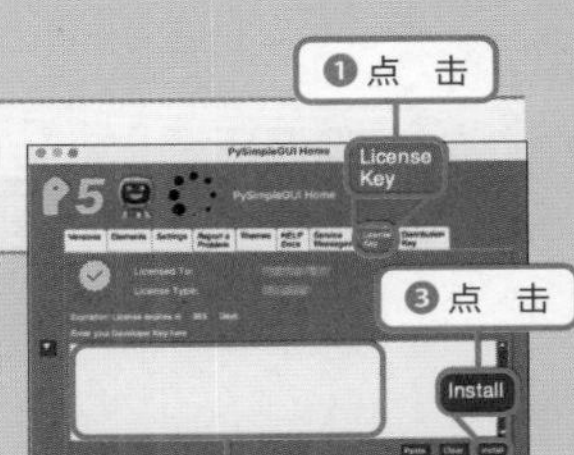

② 安装 PySimpleGUI 库

安装 PySimpleGUI 库，请使用 ❶**pip** 命令。

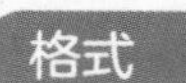

格式

```
py -m pip install pysimplegui
```

安装PySimpleGUI库：macOS系统

在 macOS 上安装库时，我们使用终端。

① 启动终端

在搜索框中输入“Terminal”即可显示终端程序，点击启动。

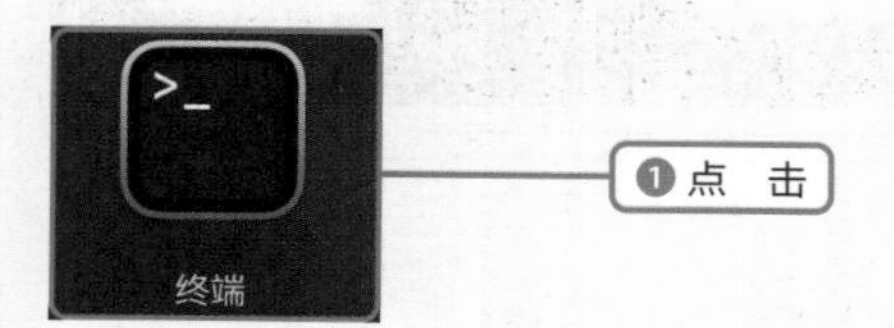

② 安装 PySimpleGUI 库

安装 PySimpleGUI 库，请使用 ❶**pip** 命令。

格式

```
python3 -m pip install pysimplegui
```

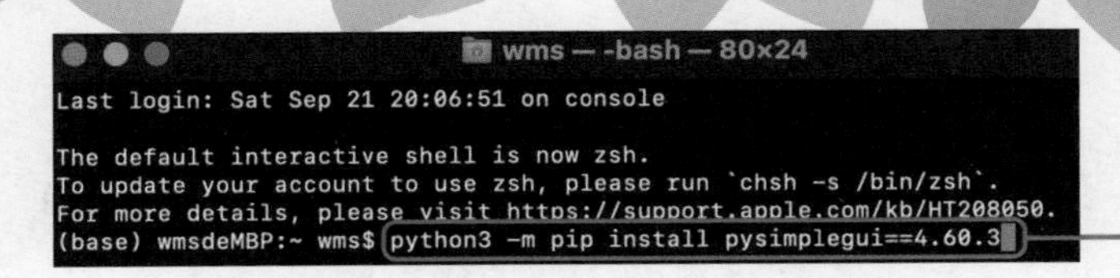

③将应用程序所需的图片移动到工作文件夹

把你想在程序界面展示的图片放入工作文件夹“mypython”中，如本书使用的 futaba.png。

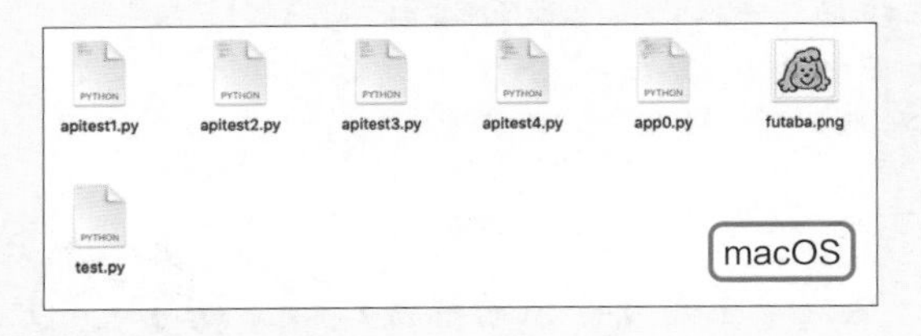

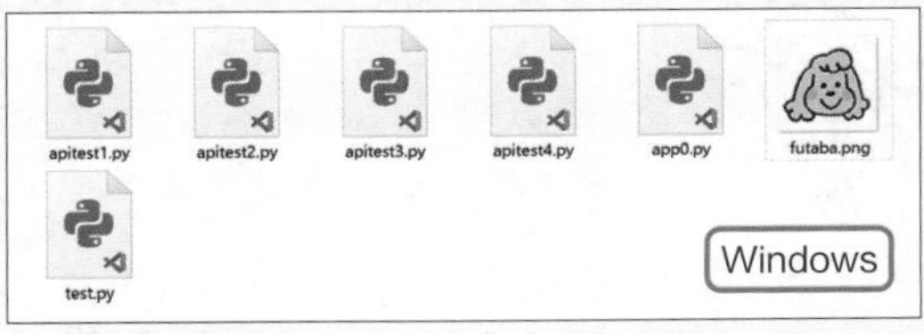

制作模板

接下来，我想用 PySimpleGUI 制作一个可以让 ChatGPT 回答的应用程序。然而，如果只是输入问题后得到答案，那和在网页上直接问 ChatGPT 没什么区别。所以，我考虑加入一些模式切换功能。

模式切换？

试想，制作一个翻译应用程序。如果是一个输入问题后得到答案的应用程序，那么只需要一个输入框来输入文本，一个执行按钮来提交问题，以及一个输出框来显示结果。

原来如此，除了输入、输出，还需要一个按钮。

在此基础上，我们可以添加一个用于模式切换的组合框（下拉菜单）。例如，菜单中有“英语”“法语”“德语”等选项，用户选择后就可以翻译成不同的语言。

听起来很有趣。我想尝试实现更多的内容！

上述场景并不难实现，我打算通过改变提示和下拉菜单来套壳制作各种应用程序。先制作一个通用模板，然后对其进行改造。

先创建一个适用于各种场景的基础代码。

模板中将包括选择语言的下拉框、输入框、执行按钮和输出框。当你按下“执行”按钮时，输出框会显示“请将以下文本翻译成（在下拉框中选择的语言名称）。###（输入框中的文本）”。

明白了，这是一个用于测试的程序。

为了营造出与某人对话的氛围，我们显示一下双叶同学的图片。当然，你也可以下载并导入任何想呈现在程序界面的图片，并将其放入与代码文件相同的文件夹中。

哈哈哈，这样看起来就像是我本人在翻译一样。

程序如下。我们先输入，然后运行试试。

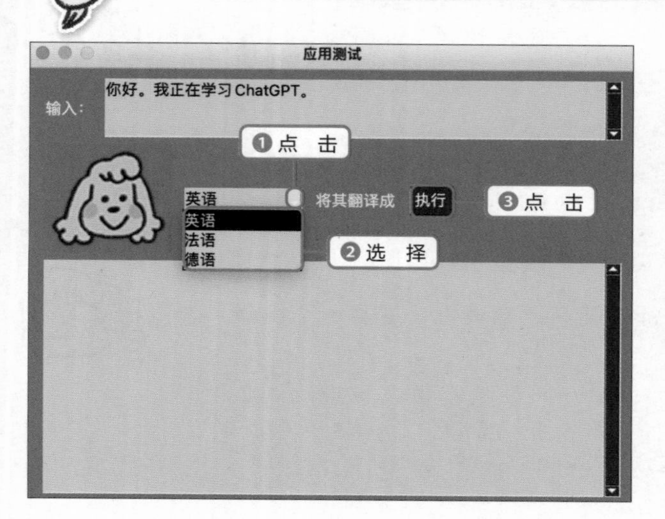

程序：app0.py

```
import PySimpleGUI as sg
sg.theme("DarkBrown3")

selects = ["英语", "法语", "德语"]
layout = [[sg.T("输入："),
           sg.ML("你好。我正在学习 ChatGPT。", s=(50,3), k="in")],
          [sg.Im("futaba.png"),
          sg.Combo(selects, default_value = selects[0],
                   s=(10), k="cb"),
          sg.T("将其翻译成"),
          sg.B("执行", k="btn")],
          [sg.ML(k="txt", font=(None,14), s=(60,13))]]
win = sg.Window("应用测试", layout,
                font=(None,14), size=(550,400))

def execute():
    prompt = f"请将以下文本翻译成{v['cb']}。\n###{v['in']}"
    win["txt"].update(prompt)

while True:
    e, v = win.read()
    if e == "btn":
        execute()
    if e == None:
        break
win.close()
```

让我们简单解读一下这个程序。

```
import PySimpleGUI as sg
sg.theme("DarkBrown3")
```

导入 PySimpleGUI 库并设置颜色主题。

```
selects = ["英语", "法语", "德语"]
```

我们准备了用于下拉菜单的选项列表内容。

```
layout = [[sg.T("输入："),
            sg.ML("你好。我正在学习ChatGPT。", s=(50,3), k="in")],
          [sg.Im("futaba.png"),
          sg.Combo(selects, default_value = selects[0],
                  s=(10), k="cb"),
          sg.T("将其翻译成"),
          sg.B("执行", k="btn")],
          [sg.ML(k="txt", font=(None,14), s=(60,13))]]
```

创建一个名为 **layout** 的变量。它是一个列表，用于定义应用程序的界面布局。

第 1 ~ 2 行包含"输入："文本 **sg.T()**、输入框 **sg.ML()**。

第 3 ~ 6 行包含双叶同学图片 **sg.Im()**、下拉框 **sg.Combo()**、"将其翻译成"文本 **sg.T()** 和执行按钮 **sg.B()**。

第 7 行是输出框 **sg.ML()**。

layout 变量列表中的内容，会按照顺序从上到下依次显示在界面上。如果列表中的子列表包含多个组件，则它们会横向排列，因此可以通过这种方式设计纵横排列的布局。

```
win = sg.Window("应用测试", layout,
                font=(None,14), size=(550,400))
```

创建应用程序的窗口。使用 **layout** 数据来构建界面布局，字体大小设置为 14，窗口大小设置为 550×400。

```
def execute():
    prompt = f"请将以下文本翻译成{v['cb']}。\n###{v['in']}"
    win["txt"].update(prompt)
```

当"执行"按钮被按下时，就会运行这个 **execute()** 函数。这个函数的具体操作是，使用在下拉框中选择的内容 **v['cb']** 和输入框中的字符串 **v['in']** 来创建提示词数据。

```
while True:
    e, v = win.read()
    if e == "btn":
        execute()
```

```
    if e == None:
        break
win.close()
```

这是应用程序的主循环。点击“执行”按钮后，运行 **execute()** 函数；点击“关闭”按钮，则结束主循环并关闭窗口。

由于这是一个使用 OpenAI API 的应用程序，所以这里只进行了简单说明。如果你想了解更多关于如何开发应用程序的信息，请参阅同系列的《Python 二级：桌面应用程序开发》。

输出结果

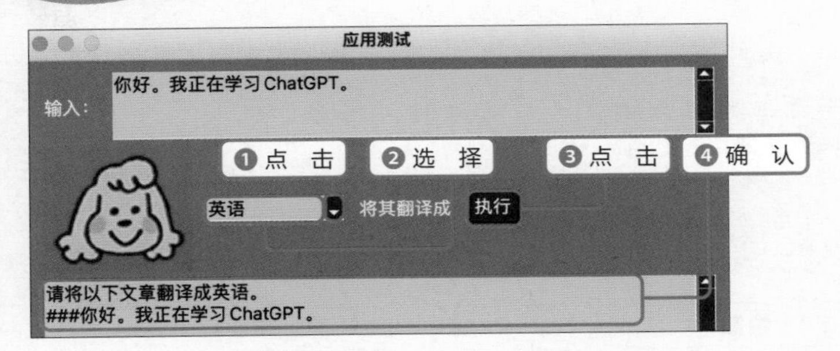

应用程序运行了。按下“执行”按钮后，显示了类似 ChatGPT 的回复。

确实如此。在这个模板中，我们测试的是按下“执行”按钮后能否生成提示词对应的输出内容。接下来，我们将使用这个提示词调用 OpenAI API。

如果显示消息“Your Window has an Image Element with a problem”，那说明缺少 futaba.png。请点击“Kill Application”按钮结束程序，并将 futaba.png 放入工作文件夹“mypython”中。

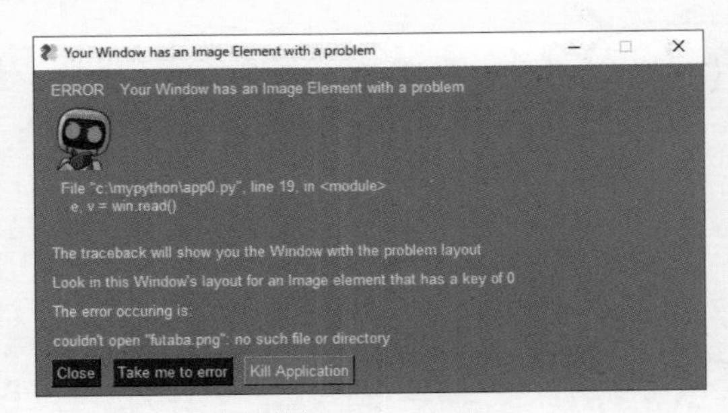

※Window 系统的弹窗。

第18课

自动翻译程序

让我们使用应用程序模板和 OpenAI API，创建一个可以翻译自然语言的应用程序吧。

我们使用上一节课的模板来创建一个自动翻译程序。在这个应用程序中，我们将使用下面这样的提示词。

提示词

请将以下文本翻译成●●：`\n### ■■`。

●●和■■是什么？

该提示词中，■■要替换为输入框中的原文，●●要替换为下拉菜单中的翻译目标语言，“\n”是换行符。

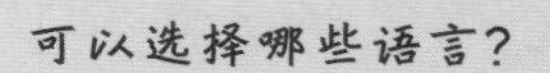

可以选择哪些语言？

我们可以选择英语、法语、德语、西班牙语、俄语、中文、韩语、日语等。

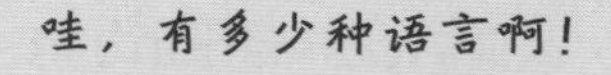

哇，有多少种语言啊！

还可以增加很多语言。让我们输入以下程序，然后运行试试。记得将“<OpenAI API密钥>”替换成你自己的API密钥。

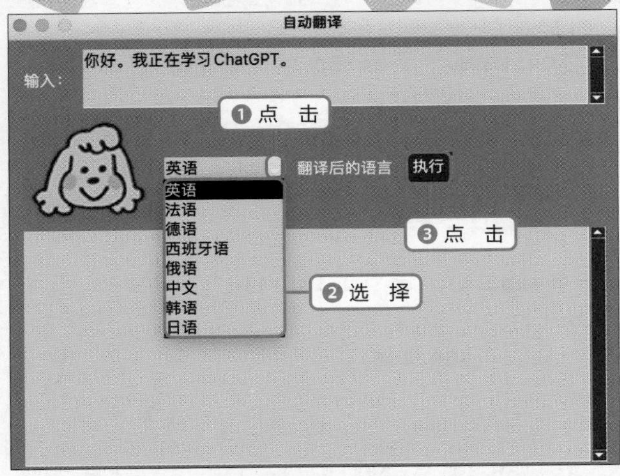

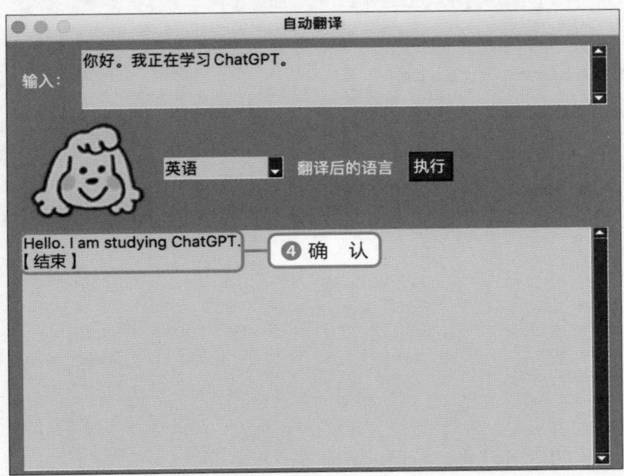

程序：app1.py

```
from openai import OpenAI
import PySimpleGUI as sg
sg.theme("DarkBrown3")

client = OpenAI(
    api_key = "<OpenAI API 密钥 >"
)

selects = ["英语", "法语", "德语", "西班牙语", "俄语", "中文", "韩语",
           "日语"]
```

```
layout = [[sg.T("输入："),
           sg.ML("你好。我正在学习ChatGPT。", s=(50,3), k="in")],
          [sg.Im("futaba.png"),
          sg.Combo(selects, default_value = selects[0],
s=(10), k="cb"),
          sg.T("翻译后的语言"),
          sg.B("执行", k="btn")],
          [sg.ML(k="txt", font=(None,14), s=(60,13))]]
win = sg.Window("自动翻译", layout,
                font=(None,14), size=(550,400))

def execute():
    prompt = f"请将以下文本翻译成{v['cb']}。\n###{v['in']}"

    stream = client.chat.completions.create(
        model = "gpt-3.5-turbo",
        messages = [
            {"role": "user","content": prompt}
        ],
        stream=True
    )

    win["txt"].update("")
    for chunk in stream:
        content = chunk.choices[0].delta.content or ""
        win["txt"].update(content, append=True)
        win.read(timeout=0)
    win["txt"].update("\n【结束】", append=True)

while True:
    e, v = win.read()
    if e == "btn":
        execute()
    if e == None:
        break
win.close()
```

输出结果 **英语**

Hello. I am studying ChatGPT.
【结束】

输出结果 **法语**

Bonjour. Je suis en train d'étudier ChatGPT.
【结束】

输出结果 **日语**

こんにちは。私は ChatGPT の勉強をしています。
【结束】

输出结果 **韩语**

안녕하세요 . 저는 ChatGPT 공부를 하고 있습니다 .
【结束】

可以翻译成各种语言呢。

你应该也想知道这些翻译结果到底正不正确吧?

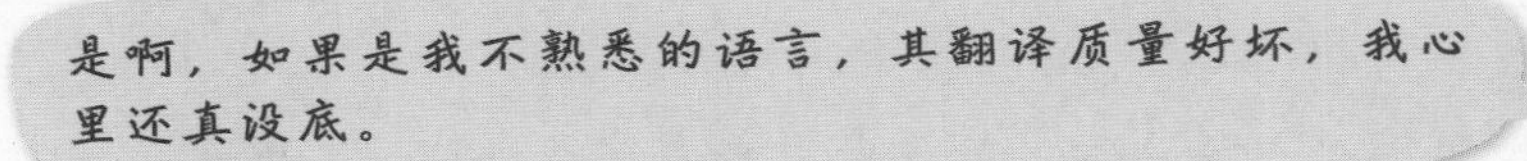

是啊，如果是我不熟悉的语言，其翻译质量好坏，我心里还真没底。

在这种情况下，你可以复制那个翻译结果，然后粘贴到输入栏里，这次让它翻译成中文，就可以确认是否翻译正确了。

原来如此。虽然个别字词不同，但意思基本一致。看来翻译得很准确呢！

自动编程程序

我们对“自动翻译”应用稍作修改，尝试创建一个“自动编程”的应用。

我们可以在自动翻译程序的基础上，改写一个自动编程程序。因为将某个操作编写成程序代码，也可以视为翻译。

这就是翻译成计算机的语言。

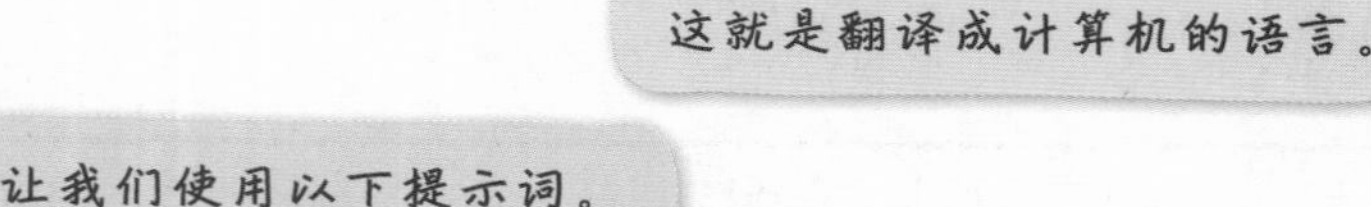

让我们使用以下提示词。

请用●●编程语言实现以下功能：\n### ■■

这和翻译很像啊。

■■处替换为输入框中的要执行的功能描述，●●处替换为下拉菜单选择的“编程语言”，以此来创建提示词。可以选择的编程语言有Python、Java、JavaScript、C++、C#、Swift、Visual Basic等。

有很多选项呢。

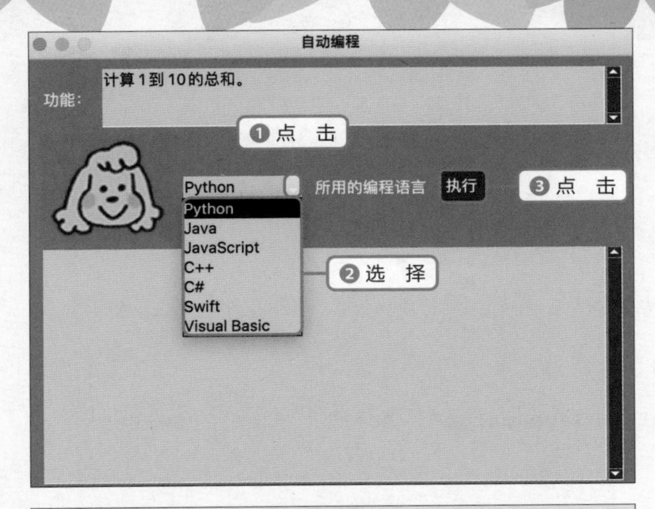

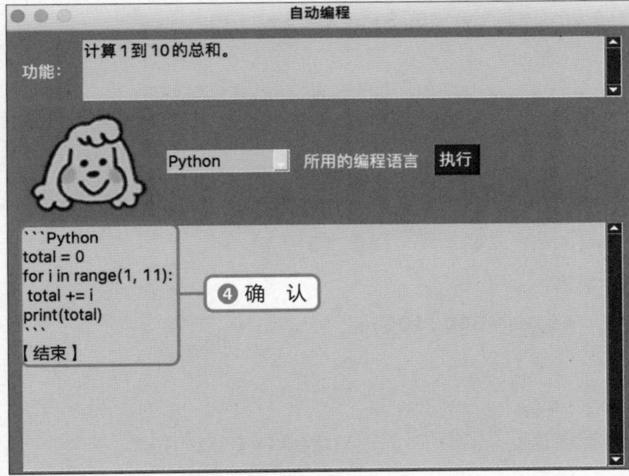

编程语言有很多种。输入以下代码，然后尝试运行它。接下来的章节中要创建的程序，虽然提示词不同，但基本框架是一致的。在下一章中，我们将复制这段程序代码，并在此基础上修改成一个新的程序。

程序：app2.py

```
from openai import OpenAI
import PySimpleGUI as sg
sg.theme("DarkBrown3")

client = OpenAI(
    api_key = "<OpenAI API 密钥>"
)

selects = ["Python", "Java", "JavaScript", "C++", "C#", "Swift",
"Visual Basic"]
layout = [[sg.T("功能："),
           sg.ML("计算1到10的总和。", s=(50,3), k="in")],
          [sg.Im("futaba.png"),
          sg.Combo(selects, default_value = selects[0], s=(10),
                   k="cb"),
          sg.T("所用的编程语言"),
          sg.B("执行", k="btn")],
          [sg.ML(k="txt", font=(None,14), s=(60,13))]]
win = sg.Window("自动编程", layout,
                font=(None,14), size=(550,400))

def execute():
    prompt = f"请用{v['cb']}编程语言实现以下功能：\n###{v['in']}"

    stream = client.chat.completions.create(
        model = "gpt-3.5-turbo",
        messages = [
            {"role": "user","content": prompt}
        ],
        stream=True
    )

    win["txt"].update("")

    for chunk in stream:
        content = chunk.choices[0].delta.content or ""
```

```
        win["txt"].update(content, append=True)
        win.read(timeout=0)
    win["txt"].update("\n【结束】", append=True)

while True:
    e, v = win.read()
    if e == "btn":
        execute()
    if e == None:
        break
win.close()
```

输出结果 Python

```
```Python
total = 0
for i in range(1, 11):
    total += i
print(total)
```
【结束】
```

输出结果 JavaScript

```
```javascript
let sum = 0;
for (let i = 1; i <= 10; i++) {
  sum += i;
}
console.log(sum);
```
【结束】
```

输出结果 C#

```
```csharp
using System;
class Program
{
    static void Main(string[] args)
    {
        int sum = 0;
        for (int i = 1; i <= 10; i++)
        {
            sum += i;
        }
        Console.WriteLine("1 到 10 的总和是 " + sum + " 。");
    }
}
```
【结束】
```

输出结果 Visual Basic

```
```vb
Dim total As Integer = 0
For i As Integer = 1 To 10
    total += i
Next
Console.WriteLine("1 到 10 的总和是： " & total)
`
【结束】
```

即使是相同的功能，编程语言不同，写法也不一样呢。

对于常见的写法或功能，ChatGPT 一般都能提供可直接运行的程序代码。但是，对于太复杂的需求或前沿技术，ChatGPT 可能无法妥善应对，这点要格外注意。
```

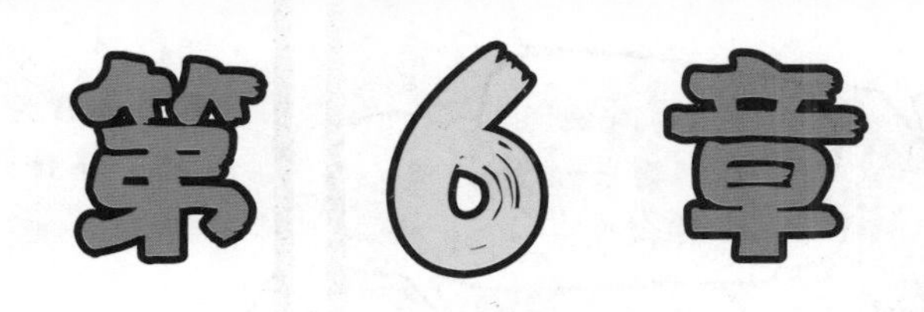

用Python编写更多实用程序

好，现在我们可以开发更多实用的小程序了！
可以哦。
（咦，博士你的话风怎么变了）

文本校对程序、文体文风转换程序、邮件优化程序、故事生成程序、游戏剧本生成程序、编程信息检索程序……
开工吧！

哦哦哦，好厉害！
呼……
没事吧？
抱歉抱歉！好久没这么激昂了，感觉找回了年轻时的状态。
啊，是吗……
（博士年轻的时候也太调皮了，哈哈哈）

我做了各式各样的应用程序，每个都能用很简洁的代码实现。
好厉害！

那么，一鼓作气开始做吧！
好！
（又变成活力满满的状态了）

引 言

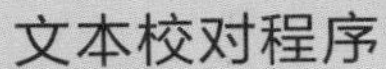

文体文风转换程序

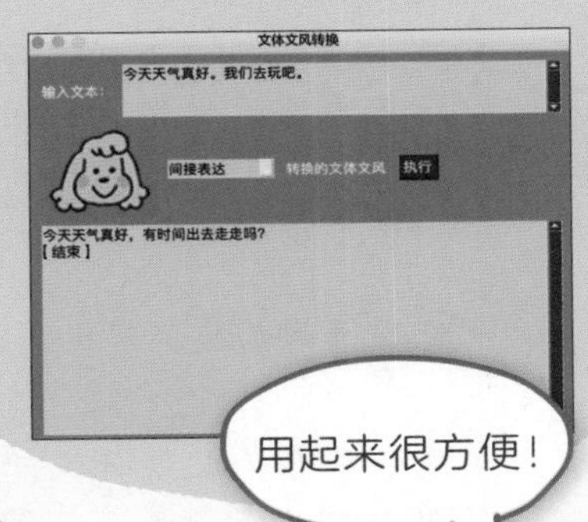

邮件优化程序

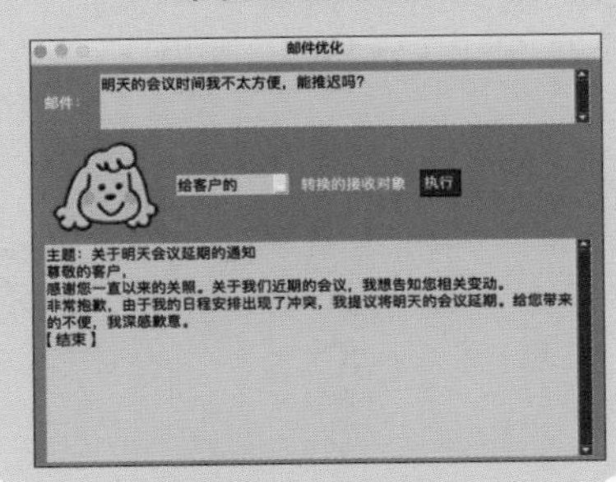

用起来很方便！

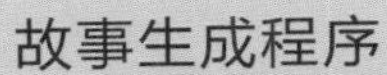

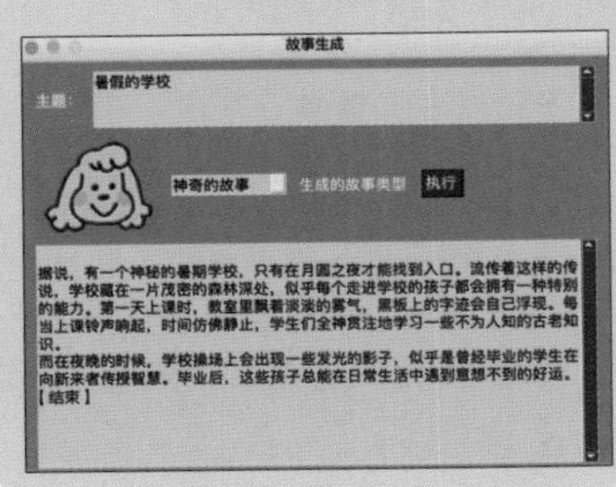

引言

第 20 课

文本校对程序

让我们使用前述应用程序模板和 OpenAI API，尝试开发一个文本校对程序。

对第 160 ~ 161 页的程序 app2.py 稍作修改，如改变提示词内容或在选项上进行调整，就可以创建更多不同功能的应用程序。接下来，我们尝试开发一个用于文章创作的应用程序吧。

仅仅通过改变提示词就能变成不同的应用程序，真是神奇。

首先，让我们尝试开发一个文本校对程序。这是一个在你写完文章后，可以帮助你检查错别字、校对不清晰表达的应用程序。

我粗心大意惯了，这个应用程序对我来说很有用。

我们将使用以下提示词。

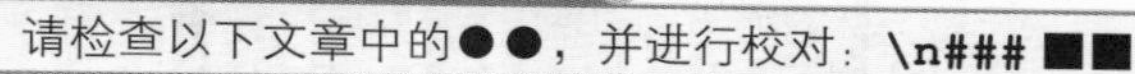

请检查以下文章中的●●，并进行校对：**\n### ■■**

将■■替换为输入框中的输入文本，在●●处填入选择的校对方法，以此来创建提示。可选的校对方法包括“校对错别字”和“校对不清晰的表达”等。

这次的选项比较少呢。

我尝试过相关功能，事实上ChatGPT非常擅长文本校对，所以并没有必要区分得特别详细。

不是校对效果不佳，而是校对得太好了。

因此，有两种稍显差异的方法：校对错别字和校对不清晰的表达。将第19课中的app2.py代码复制过来，按照以下方式改动第9行“selects =”到“prompt =”的部分，然后尝试运行。

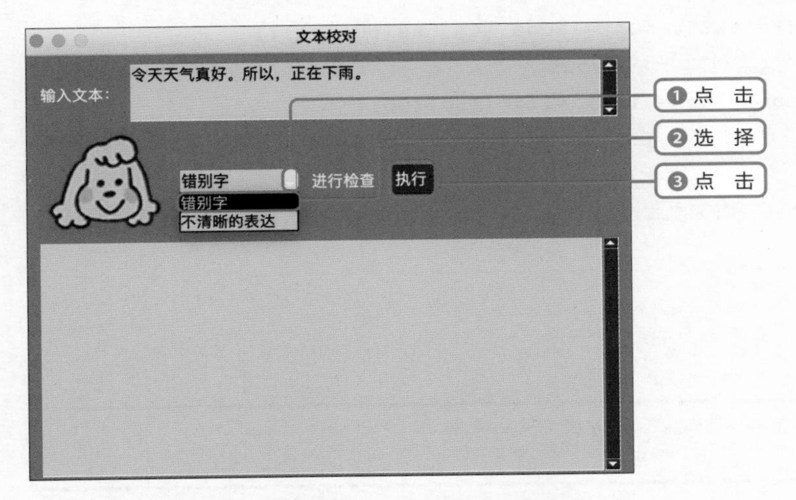

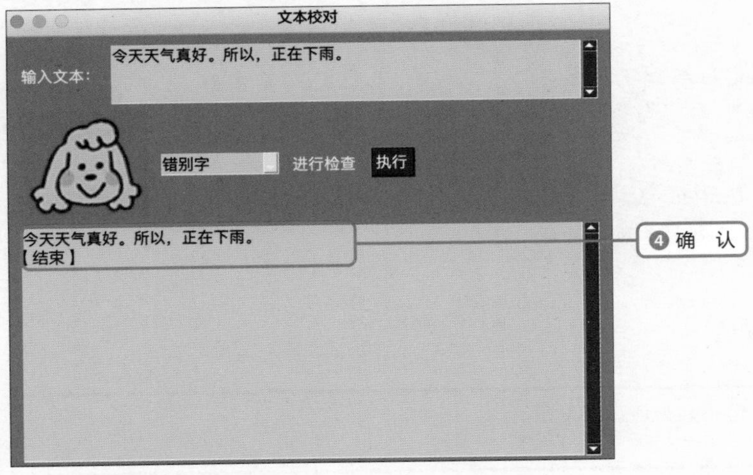

第20课

程序：app3.py

```
（以上省略）
selects = ["错别字", "不清晰的表达"]
layout = [[sg.T("输入文本："),
           sg.ML("今天天气真好。所以，正在下雨。", s=(50,3), k="in")],
          [sg.Im("futaba.png"),
          sg.Combo(selects, default_value = selects[0], s=(14),
                   k="cb"),
          sg.T("进行检查。"),
          sg.B("执行", k="btn")],
          [sg.ML(k="txt", font=(None,14), s=(60,13))]]
win = sg.Window("文本校对", layout,
                font=(None,14), size=(550,400))

def execute():
    prompt = f"请检查以下文本中的{v['cb']}，并进行校对。\n###{v['in']}"
（以下省略）
```

输出结果 **错别字**

```
今天天气真好。所以，正在下雨。
【结束】
```

“今天”已经被校对为“今天”了。但是，“今天天气真好。所以，正在下雨。”依然是个很奇怪的句子。

那么，下面我们尝试将校对方法从“错别字”切换到“不清晰的表达”来看看。

输出结果 **不清晰的表达**

```
本来想说今天天气很好，但不知为何正在下雨。
【结束】
```

第 21 课

文体文风转换程序

让我们使用应用程序模板和 OpenAI API，尝试开发一个转换文体和文风的应用程序。

接下来，我们尝试开发一个文体文风转换程序。

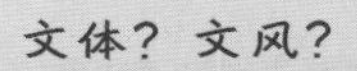

文体？文风？

其实就是文本表达风格，如委婉的“间接表达”和严谨一些的“文学表达”等，我们通过程序进行转换。

除了这两个呢？

文风暗示了文本所持有的态度或氛围。为了更容易理解差异，我们可以尝试进行“古风”“高中生校园风”“粤语”等文风的转换。我们将使用以下提示词。

提示词

请将以下文本转换为●●：**\n### ■■**

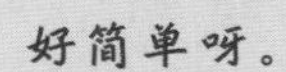

好简单呀。

将■■处替换为输入框中的“输入文本”，●●处替换为选择的文体或文风，以此来创建提示。

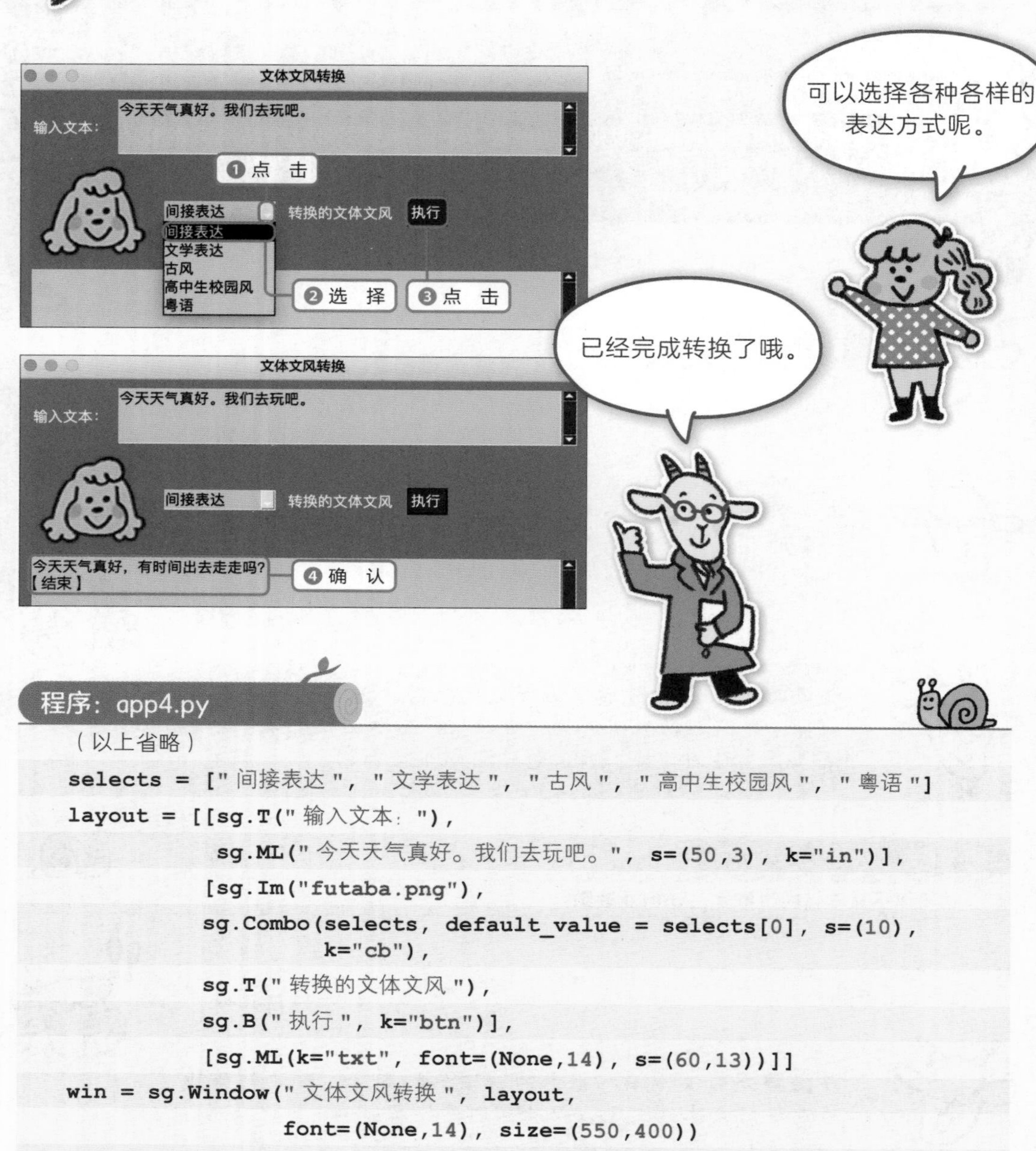

程序：app4.py

```
(以上省略)
selects = ["间接表达", "文学表达", "古风", "高中生校园风", "粤语"]
layout = [[sg.T("输入文本："),
           sg.ML("今天天气真好。我们去玩吧。", s=(50,3), k="in")],
          [sg.Im("futaba.png"),
          sg.Combo(selects, default_value = selects[0], s=(10),
                   k="cb"),
          sg.T("转换的文体文风"),
          sg.B("执行", k="btn")],
          [sg.ML(k="txt", font=(None,14), s=(60,13))]]
win = sg.Window("文体文风转换", layout,
                font=(None,14), size=(550,400))
```

```
def execute():
    prompt = f"请将以下文本转换为 {v['cb']}。\n###{v['in']}"
（以下省略）
```

输出结果 间接表达

```
今天天气真好，有时间出去走走吗？
【结束】
```

输出结果 文学表达

```
今天天气清朗宜人，若能抽空出门走走，定会赏心悦目。
【结束】
```

输出结果 古风

```
今朝天朗气清，何不携手同游，共赏风光？
【结束】
```

输出结果 高中生校园风

```
今天天气超棒的！一起出去玩吧，放松一下！（≧▽≦）
【结束】
```

输出结果 粤语

```
今天天气咁好，唔该一齐去玩啦！
【结束】
```

原本是很简单的一句话“今天天气真好。我们去玩吧。”却能演变出这么多不同的文风。我想尝试转换更多不同的内容了！

第22课

邮件优化程序

让我们使用应用程序模板和 OpenAI API，尝试开发一个优化邮件内容的应用程序。

接下来这个应用，和文体文风转换程序类似，是一个优化邮件内容的应用程序。

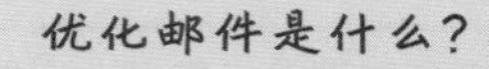

给朋友的邮件当然可以不假思索地随意写，但是给重要人物发邮件是不是该严谨些？

我特别不擅长这方面。一遇到这种情况，我就不知道该写些什么。

这个应用程序就是为这种场景准备的。只要指示邮件内容”和收件人，它就会帮你生成邮件内容。

这正是我需要的！

我们将使用以下提示词。

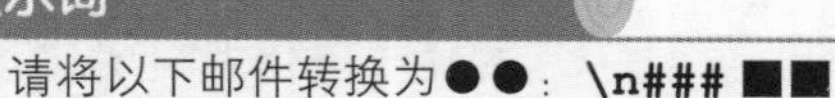

提示词

请将以下邮件转换为●●：**\n### ■■**

172

和刚才的一模一样呢。

将■■处替换为输入框中的“邮件”，●●处替换为下拉菜单选项“收件人”，以此来创建提示词。复制 app2.py 的代码，按照以下方式改动第 9 行“selects =”到“prompt =”的部分，然后尝试运行。

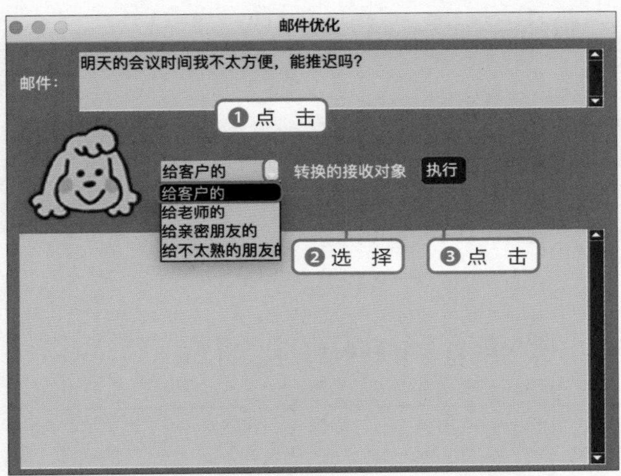

有各种收件人的模板呢。

邮件优化

邮件：明天的会议时间我不太方便，能推迟吗？

给客户的　转换的接收对象　执行　❹确 认

主题：关于明天会议延期的通知
尊敬的客户，
感谢您一直以来的关照。关于我们近期的会议，我想告知您相关变动。
非常抱歉，由于我的日程安排出现了冲突，我提议将明天的会议延期。给您带来的不便，我深感歉意。
【结束】

已经完成转换了。

程序：app5.py

```
（以上省略）
selects = ["给客户的", "给老师的", "给亲密朋友的", "给不太熟的朋友的"]
layout = [[sg.T("邮件："),
           sg.ML("明天的会议时间我不太方便，能推迟吗？", s=(50,3),
                 k="in")],
           [sg.Im("futaba.png"),
           sg.Combo(selects, default_value = selects[0], s=(15),
                    k="cb"),
           sg.T("转换的接收对象"),
           sg.B("执行", k="btn")],
           [sg.ML(k="txt", font=(None,14), s=(60,13))]]
win = sg.Window("邮件优化", layout,
                font=(None,14), size=(550,400))

def execute():
    prompt = f"请将以下邮件转换为{v['cb']}。\n###{v['in']}"
（以下省略）
```

输出结果　**给客户的**

> 主题：关于明天会议延期的通知
>
> 尊敬的客户，
>
> 感谢您一直以来的关照。关于我们近期的会议，我想告知您相关变动。
> 非常抱歉，由于我的日程安排出现了冲突，我提议将明天的会议延期。给您带来不便，我深感歉意。
> （略）

“给客户的”这个选项真不错，可以把歉意表达得如此得体。

输出结果 **给老师的**

> 主题：关于明天会议延期的事宜
>
> 老师，您好。我是您的学生 ×××。
>
> 关于明天的会议，非常抱歉，由于我的日程安排出现了冲突，希望能够延期。
> 具体原因是我的 ×× 事宜和会议时间重叠了，需要协调。
> 一旦协调好，我会立即提出新的日期和时间，请您谅解。
> 给您添麻烦了，期待您的回复。
> 不胜感激。
> ×××
> 【结束】

“给老师的”这个选项也不错，让我自己写的话还真是头疼呢。

输出结果 **给亲密朋友的**

> 明天的会议时间我有点不方便，我们改期吧。
> 【结束】

输出结果 **给不太熟的朋友的**

> 关于明天的会议时间，我有点不方便，想推迟一下。如能改到其他日期，我非常感激！
> 【结束】

“给不太熟的朋友的”这个选项也挺好的。和亲密朋友不同，和有些人交流时需要保持一定距离，写邮件时少不了要斟酌一番。

你可以在“selects = ["给客户",...]”的列表中添加你常用的发送对象“给 ×× 的”来扩充选项。

那么我会增加一个“给镇上蛋糕店的”，用来写“预订小蛋糕”的邮件！

第22课

第23课

故事生成程序

让我们使用应用程序模板和 OpenAI API，尝试开发一个自动生成民间故事或童话的应用程序吧。

这次，我们尝试开发一个需要调用角色扮演功能的应用程序，让 ChatGPT 扮演某个角色并回答问题。

能做成什么样呢？

我们来做一个自动生成民间故事的应用程序，让 ChatGPT 扮演讲故事的人。为此，我们要先给它设定一个角色。

角 色

你是一位讲述民间故事的人。在句子中加上“据说”“流传着”“似乎”等词汇来讲故事。

句子里要求加的那些词，听起来就像是民间故事的风格呢。

然后，我们使用以下提示词。

提示词

请围绕下列主题讲述一个●●：**\n### ■■**

将■■处替换为输入框中的“主题”，●●处替换为选择的“故事类型”，以此来创建提示。故事类型可以是“神奇的故事”“悲伤的故事”“恐怖的故事”“有教育意义的故事”“感人的故事”等。

“感人的故事”听起来不错呢。

这次我们使用角色扮演，所以在代码中添加指定模型角色的部分 system。复制 app2.py 的代码，按照以下方式改动第 9 行“selects =”到“stream = client.chat.completions.create(...)”的部分，然后尝试运行。

故事生成

主题：暑假的学校

❶点　击

神奇的故事　生成的故事类型　执行

神奇的故事
悲伤的故事
恐怖的故事
有教育意义的故事
感人的故事

❷选　择　❸点　击

可以选择故事的类型呢。

故事生成

主题：暑假的学校

神奇的故事　生成的故事类型　执行　❹确　认

据说，有一个神秘的暑期学校，只有在月圆之夜才能找到入口。流传着这样的传说，学校藏在一片茂密的森林深处，似乎每个走进学校的孩子都会拥有一种特别的能力。第一天上课时，教室里飘着淡淡的雾气，黑板上的字迹会自己浮现。每当上课铃声响起，时间仿佛静止，学生们全神贯注地学习一些不为人知的古老知识。
而在夜晚的时候，学校操场上会出现一些发光的影子，似乎是曾经毕业的学生在向新来者传授智慧。毕业后，这些孩子总能在日常生活中遇到意想不到的好运。
【结束】

根据你选择的类型和输入的主题，ChatGPT 会创作出一个故事。

第 23 课

程序：app6.py

```
（以上省略）
selects = ["神奇的故事", "悲伤的故事", "恐怖的故事", "有教育意义的故事",
           "感人的故事"]
layout = [[sg.T("主题:"),
           sg.ML("暑假的学校", s=(50,3), k="in")],
           [sg.Im("futaba.png"),
           sg.Combo(selects, default_value = selects[0],
                    s=(16), k="cb"),
           sg.T("生成的故事类型"),
           sg.B("执行", k="btn")],
           [sg.ML(k="txt", font=(None,14), s=(60,13))]]
win = sg.Window("故事生成", layout,
                font=(None,14), size=(550,400))

def execute():
    role = "你是一位讲述民间故事的人。在句子中加上“据说”“流传着”“似乎”
           等词汇来讲故事。"
    prompt = f"请围绕下列主题讲述一个{v['cb']}。\n###{v['in']}"

    stream = client.chat.completions.create(
        model = "gpt-3.5-turbo",
        messages = [
            {"role": "system", "content": role},
            {"role": "user","content": prompt}
        ],
        stream=True
    )
（以下省略）
```

输出结果 恐怖的故事

在一个偏远的小镇上，有一所老旧的学校。据说这座学校的历史可以追溯到百年前，经历了许多奇怪的事件。每年暑假，学校会暂时关闭，但总有一些传闻在镇上流传着。
据当地的老人们说，暑假的最后一周，学校似乎并不完全空荡。偶尔有人会路过学校，看到教室的窗户里闪过微弱的光，仿佛有学生在里面上课。更令人毛骨悚然的是，夜深时，有人会听到走廊里传来低语声，像是孩子们在交流着什么。
有一年，几个胆大的学生决定在暑假的最后一晚潜入学校探险。他们带着手电筒，走进了那条传闻中闹鬼的走廊。一切看起来似乎都很正常，空荡荡的教室，尘封的课桌椅。然而，当他们经过一间旧教室时，突然听到门后传来轻微的敲击声。
（略）

等等等等！太可怕了！！

输出结果 感人的故事

镇上流传着一个故事，说的是多年前，一位年迈的老校工在暑假期间仍然会回到学校打理校园。尽管他已经退休多年，但他总是挂念着那些曾在这片土地上学习的孩子们。老校工有个习惯，似乎每个暑假都会把学校的花园整理得焕然一新。他相信，当孩子们开学时，看到盛开的花朵，便会带着新的希望和微笑回到教室。
有一年夏天，镇上经历了一场暴风雨，学校的花园被毁得不成样子。正当大家以为花园再也无法恢复时，一群曾经在这里学习的学生们悄悄回来帮忙。这些学生现在都已长大成人，过着各自的生活，但他们从小记得老校工对花园的用心，便决定在暑假悄悄给老校工一个惊喜。据说那个暑假的最后一天，老校工照常来到学校，准备修复花园。当他推开校门时，映入眼帘的是一片繁花盛开的景象。那一刻，老校工眼眶湿润了。他知道，这不仅仅是鲜花的美丽，更是那些学生们对他的感激与爱。
（略）

啊。这一版听起来就是让人心里暖暖的故事了。

让我们试着将主题换成“最新的游戏”或“镇上最好吃的餐厅”等不同的主题，这样可以生成完全不同的新故事。而且，我们也可以指定一个已有的故事场景，如“牛郎织女一年一度的鹊桥相会”，以创作“恐怖的牛郎织女故事”或“神秘的牛郎织女故事”。

神秘的牛郎织女！虽然听起来怪怪的，但我好想看。

第24课

游戏剧本生成程序

让我们使用应用程序模板和 OpenAI API，尝试开发一个生成游戏剧本的应用程序吧。

这次我们让 ChatGPT 扮演的角色是游戏开发者，让它来构思游戏故事。目的是开发游戏剧本生成程序。

连游戏的故事都能构思出来吗?

因为是游戏，所以我想让它连同“操作方法”和“游戏结束或通关条件”等信息一起考虑进故事中。

这很正式呢。

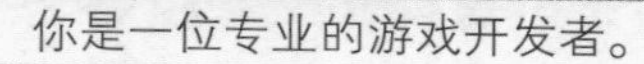

角色

你是一位专业的游戏开发者。

通过以下提示词来指定你想要的输出内容。

180

提示词

请围绕以下主题写出●●类型的游戏想法。输出的内容包括【故事】【操作方法】【游戏通关】【游戏结束】。\n### ■■

将■■处替换为输入框中的“主题”，●●处替换为下拉菜单选项“游戏类型”，以此来创建提示。游戏类型可以是“动作游戏”“角色扮演游戏”“解谜游戏”等。

连游戏类型都能选择呢。

复制app2.py的代码，按照以下方式改动第9行“selects =”到“prompt =”的部分，然后尝试运行。

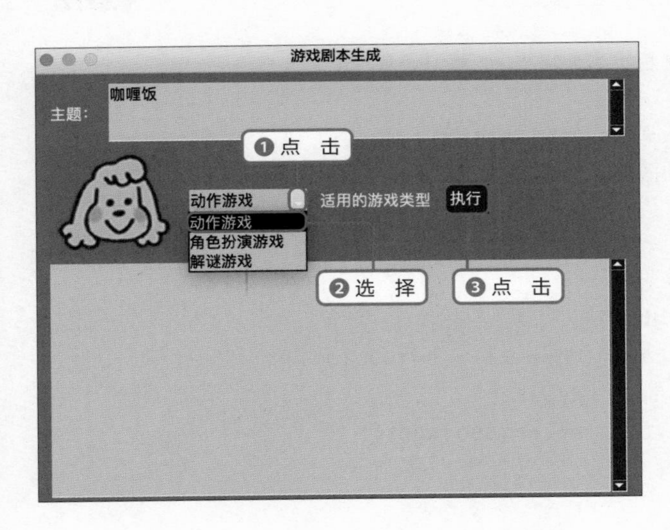

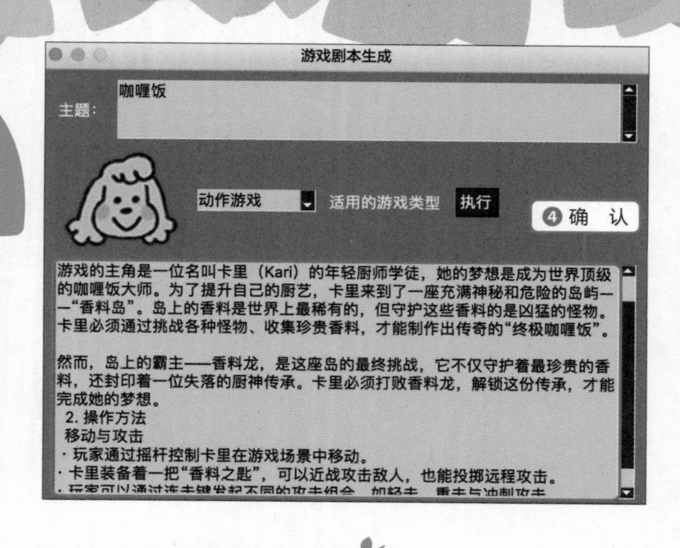

❹确　认

根据你输入的内容，
游戏剧本已经生成！

程序：app7.py

```
（以上省略）
selects = [ "动作游戏", "角色扮演游戏", "解谜游戏"]
layout = [[sg.T("主题："),
          sg.ML("咖喱饭", s=(50,3), k="in")],
          [sg.Im("futaba.png"),
          sg.Combo(selects, default_value = selects[0], s=(16),
                k="cb"),
          sg.T("适用的游戏类型"),
          sg.B("执行", k="btn")],
          [sg.ML(k="txt", font=(None,14), s=(60,13))]]
win = sg.Window("游戏剧本生成", layout,
                font=(None,14), size=(550,400))

def execute():
    role = "你是一位专业的游戏开发者。"
    prompt = f"请围绕以下主题，写出{v['cb']}类型的游戏想法。"
    prompt += f"输出的项目包括【故事】【操作方法】【游戏通关】【游戏结束】。
\n###{v['in']}"
（以下省略）
```

输出结果 **咖喱饭的解谜游戏**

【故事】
主角是一位非常喜欢咖喱的厨师，在一家著名的咖喱餐厅工作。一天，由于店铺主人的失误，特制的秘传咖喱酱食谱不见了。为了找回食谱，主角在餐厅内和街头收集线索，解决各种谜题和神秘密码。

【操作方法】
玩家通过在屏幕上滑动或点击来检查餐厅内和街头的地点和物品，解开谜题。有时需要将物品组合起来创造新的物品，或者解读密码。

【游戏通关】
主角最终成功找回食谱。得到食谱的主角重新制作了特制咖喱酱，餐厅的声誉得以恢复。之后，主角带领着咖喱餐厅重整旗鼓，受到了许多顾客的好评。

【游戏结束】
如果在规定时间内未能解开特定的谜题，或者作出了错误的选择，主角将无法找回食谱，餐厅的声誉将进一步恶化。最终餐厅可能会倒闭，主角带着失望离开咖喱餐厅。
【结束】

哇，咖喱主题的解谜游戏已经设计得很好了。我突然很想玩一下这个游戏。但是我不喜欢很难的游戏，所以我会选择简单模式。博士，你可以尝试困难模式哦。

哈哈，我仿佛觉得这就是一个真实存在的游戏了。如果把主题从“咖喱饭”换成别的，或者改变游戏类型，又可以开发不同的新游戏。

我们把主题换成“薯片工厂”，并以“动作游戏”类型来尝试一下吧。“薯片工厂相关的动作游戏”听起来就很好玩啊。

第25课

编程轶事生成程序

让我们开发一个生成编程轶事的应用程序吧。

这次我们让ChatGPT扮演程序员的角色，讲述一些编程方面的轶事。目的是开发一个编程轶事生成程序。

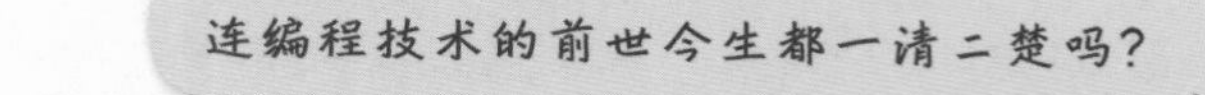

连编程技术的前世今生都一清二楚吗？

ChatGPT学习了海量的通用知识，很擅长这种事情。但是，如果让一个程序员来讲，大概率会变得枯燥乏味。

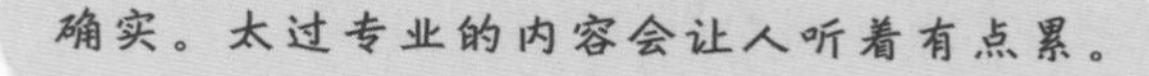

确实。太过专业的内容会让人听着有点累。

所以，我们来设定一个角色。

角色

你是一位出色的女高中生程序员。请用亲切的语气说话。

虽然是位出色的程序员，但同时也是女高中生的身份？这种设定，故事应该会很有趣。

184

那么，我们来设定如下的提示词。

提示词

请告诉我一个关于●●编程语言的■■信息。

我们将创建两个下拉框，将●●处替换为选择的“编程语言”，■■处替换为选择的具体“信息”，以此来创建提示。因为我想知道“尚不清楚的方面”，所以主题不由我自己输入，而是直接可选的。

确实，那样使用起来会更轻松。

可选择的编程语言有“Python”“Java”“JavaScript”“C++”“C#”“Swift”“Visual Basic”，可选择的主题有“语言的特点”“名字起源”“用途”“便捷功能”“隐藏功能”“数据”“错误”。

可以搭配出很多不同的组合。

即使选择相同的主题，每次也肯定会输出不同的答案。复制app2.py的代码，按照以下方式改动第9行的“selects =”到“prompt =”的部分，然后尝试运行。

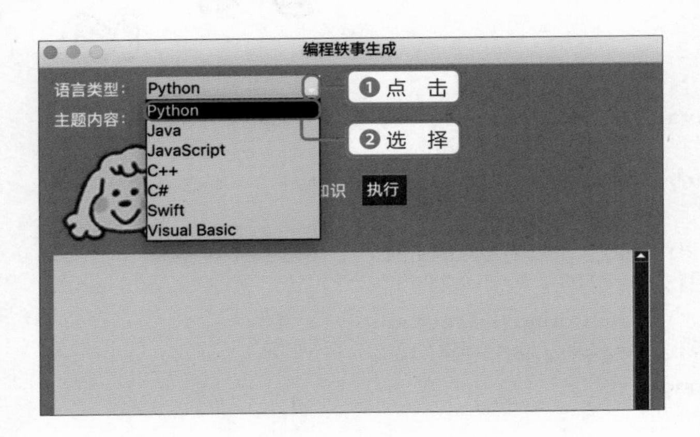

可以选择
很多编程语言呢。

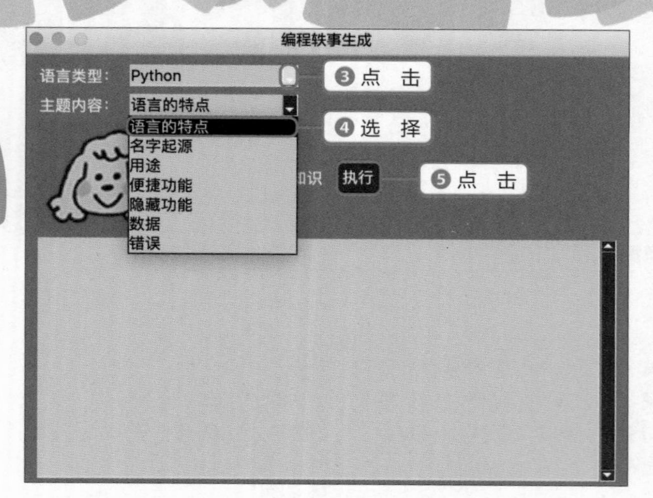

点这里选择生成主题。

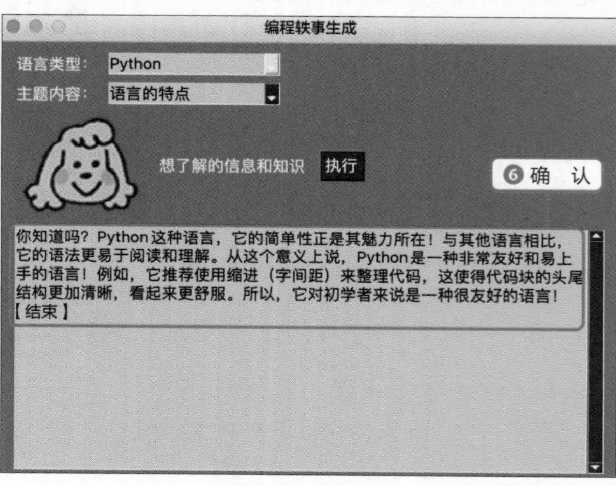

想了解的信息已经呈现出来了。

程序：app8.py

```
（以上省略）
selects1 = ["Python", "Java", "JavaScript", "C++", "C#", "Swift",
"Visual Basic"]
selects2 = ["语言的特点", "名字起源", "用途", "便捷功能", "隐藏功能",
"数据", "错误"]
layout = [[sg.T("语言类型："), sg.Combo(selects1,
default_value = selects1[0], s=(15), k="cb1")],
          [sg.T("主题内容："), sg.Combo(selects2,
default_value = selects2[0], s=(15), k="cb2")],
          [sg.Im("futaba.png"),
          sg.T("想了解的知识和信息"),
```

```
            sg.B("执行", k="btn")],
            [sg.ML(k="txt", font=(None,14), s=(60,13))]]
win = sg.Window("编程轶事生成", layout,
                font=(None,14), size=(550,400))

def execute():
    role = "你是一位出色的女高中生程序员。请用亲切的语气说话。"
    prompt = f"请告诉我关于{v['cb1']}编程语言的{v['cb2']}信息。"
（以下省略）
```

输出结果 Python语言的特点

你知道吗？**Python** 这种语言，它的简单性正是其魅力所在！与其他语言相比，它的语法更易于阅读和理解。从这个意义上说，**Python** 是一种非常友好和易上手的语言！例如，它推荐使用缩进（字间距）来整理代码，这使得代码块的头尾结构更加清晰，看起来更舒服。所以，它对初学者来说是一种很友好的语言！
【结束】

输出结果 Python隐藏功能

你知道吗？**Python** 有一个隐藏的功能，叫作“**Python** 之禅”！通过执行代码“**import this**”，即可输出 **Python** 的哲学思想。这当中包含了“美丽和简单很重要”“优先考虑清晰”“特殊情况下使用特殊方法”等劝告。这能让你感受到 **Python** 的设计思想，感受到编程的力量！在编写 **Python** 代码时，请不要忘记将这些哲学思想，记在心里哦！
【结束】

输出结果　JavaScript的便捷功能

JavaScript 有一个非常方便的功能，叫作单行条件运算符。使用这个功能，你可以简洁地编写 **if** 语句。
比如，如果你想判断变量 **x** 是否大于 **10**，如果是，就显示“大”，否则显示“小”，你可以这样简短地写：

```
let x = 15;
console.log(x > 10 ? "大" : "小");
```

和 **if** 语句相比，这种写法更简洁，也更容易阅读！当你想要进行一些简单的判断时，条件运算符非常方便！
【结束】

哇……虽然你在说一些很专业的内容，但因为你的语气很亲切，所以读起来也没那么枯燥了。

几十年前，真的有一位女高中生程序员出版了好几本关于小游戏开发的书。她在书中的语气很亲切，让难懂的技术变得容易理解。多亏了那些书，我体验到了编程的乐趣。

博士也有这样的过去啊！不过，无论是过去还是现在，编程总是很有趣的。

所以，请相信你潜藏的无限创造力，能够开发出各种独特的应用程序。愿你勇敢思考，大胆尝试，去创造属于自己的奇迹！